风电场项目前期工作实用手册

Wind Farm Project Preliminary Work Practical Guide

许 铁 编著

中国电力出版社
CHINA ELECTRIC POWER PRESS

内 容 提 要

由于能源环境问题日益严峻，全球新能源产业迅速发展，风电场项目开发备受重视。我国风电场项目开发建设规模迅速扩大，项目投资者愈发积极踊跃，但同时也在项目前期工作中存在盲目性。

本书围绕项目遴选、预可行性研究、可行性研究、申请项目核准等风电场项目开发过程中各个环节的主要工作内容进行阐述，涵盖了国家规定风电场工程前期工作的规划、预可行性研究和可行性研究三个阶段，简要介绍了海上风电场项目和清洁发展机制（CDM）的相关内容。同时，在附录中列选了相关法律法规和工作依据目录，并列举出 23 个支持性文件示例，供读者参考。

本书适合风电场项目投资者或从事风电场项目前期工作的人员参考、借鉴和学习，具有较强的指导性。

图书在版编目(CIP)数据

风电场项目前期工作实用手册/许轶编著．—北京：中国电力出版社，2011.9（2019.10 重印）

ISBN 978-7-5123-1600-3

Ⅰ.①风…　Ⅱ.①许…　Ⅲ.①风力发电-发电厂-技术手册　Ⅳ.①TM62-62

中国版本图书馆 CIP 数据核字（2011）第 065152 号

中国电力出版社出版、发行
(北京市东城区北京站西街 19 号　100005　http ://www.cepp.sgcc.com.cn)
三河市百盛印装有限公司印刷
各地新华书店经售
*
2011 年 9 月第一版　　2019 年 10 月北京第五次印刷
850 毫米 × 1168 毫米　32 开本　3.75 印张　85 千字
印数 6501—7500 册　定价 15.00 元

序

面对日益严峻的能源环境问题，新能源开发受到世界各国的普遍重视，特别是风电作为技术成熟且具有开发潜力的新能源，近年来发展很快，技术水平不断提高，利用规模迅速扩大。2010年底，全球风电装机规模已接近2亿千瓦，成为新能源发电中增长最快的产业。

我国风能资源丰富，依据第三次全国风能资源普查结果，陆上风能理论资源储量达43.5亿千瓦，海上风能资源储量超过10亿千瓦，开发利用潜力很大。"十一五"以来，在《可再生能源法》的推动下，我国风电产业快速发展，风电装机规模连年翻番，设备制造能力迅速提升，已形成了较为完整的风电产业体系。2010年底，我国风电装机容量已达到4473万千瓦，成为全球风电发展最快、装机规模最大的国家，为调整能源结构、减排温室气体和应对气候变化作出了积极的贡献。

展望未来，风电产业发展前景十分广阔。根据初步规划，到2020年，我国风电装机容量将达到1.5亿千瓦以上，风电建设任务十分繁重。特别是随着风电规模的扩大，风电发展面临的并网和运行问题不断显现，需要从风电场规划设计、风电设备技术进步、风电场项目建设和运行管理等多个环节、多个方面进行优化和提高，以保证风电真正成为电力系统和谐协调的重要部分。

本书编著者依据国家现行的《风电开发建设管理暂行办法》，借鉴国内各大发电企业的风电项目前期工作实践，本着简明、实用的原则，编著了《风电场项目前期工作实用手册》，符合我国国情，内容翔实具体，工作流程清晰，又附有实例可鉴，相信一定能给风电场项目投资者以指导和帮助。

国家能源局新能源和可再生能源司副司长 

2011年7月

前　言

随着我国新能源和可再生能源的蓬勃发展，风电场项目开发建设规模扩大、速度加快，风电场项目投资者积极踊跃，但不少项目开发单位在开展风电场项目前期工作中也存在一定的盲目性。本人立足我国国情，着眼风电场项目开发单位的前期工作实际需要编著了本书，旨在帮助风电场项目投资者提高前期工作效率。

本书内容包含概述、项目遴选、预可行性研究、可行性研究、申请项目核准、海上风电、清洁发展机制(CDM)、相关法律法规和工作依据、支持性文件示例等，具有较强的针对性和可操作性。

在本书编写出版过程中，得到了国家能源局新能源和可再生能源司史立山副司长、梁志鹏副司长的大力支持，得到了中国国电电力新能源公司李玉武、段德茂、王权斌、吕宗泽，北京计鹏信息咨询有限公司李昕及山西国际电力集团秦彦等同志的热情帮助，在此一并表示衷心的感谢！

由于本人水平有限，书中难免有疏漏和不妥之处，恳请读者给予批评指正。

许　轶

2011年7月

目　录

第一章

概　述

风电场项目分为陆上风电场项目和海上风电场项目。按照我国现行《风电开发建设管理暂行办法》和《海上风电开发建设管理暂行办法》，风电场项目前期工作是指项目核准之前开展的各项工作的总称，包括风电规划、选址测风、风能资源评估、建设条件论证、项目开发申请、可行性研究以及项目核准前的各项准备工作。

陆上风电场项目开发单位（企业）的前期工作推进流程可分为项目遴选、预可行性研究、可行性研究和申请项目核准 4 个阶段。

一、项目遴选

项目遴选是项目开发单位❶确定开展项目前期工作的初始阶段。风电场项目开发应符合国家和地方有关法律法规、产业政策和发展规划。项目开发单位应对拟选风电场进行实地踏勘与测量，完成风电场宏观选址，编制规划选址报告，分析研究当地长周期气象数据，收集测风数据，完成风能资源测量和评估。本阶段的工作目标是根据评估结论提出项目开发建议，经项目开发单位决策层审核确定立项。

二、预可行性研究

项目开发单位委托具备相关资质的设计咨询机构，根据国

---

❶ 项目开发单位，是指在取得具有项目核准职能的能源主管部门开展项目前期工作许可或被授予项目开发权之前，负责项目前期工作的单位。

家和省级新能源发展规划，结合风电场项目建设特点，开展风电场项目前期基础性研究工作，编制预可行性研究报告，完成项目初步规划方案，初步落实风电场建设的外部条件，并取得相应的县级环保、用地、压矿、军事、文物等支持性文件。必要时，还要对可能造成的场址颠覆性因素进行专题论证。本阶段的工作目标是取得省级或国家能源主管部门同意风电场项目开展前期工作批复。

三、可行性研究

项目单位[1]委托具备相关资质的咨询机构编制风电场项目可行性研究报告，通过对资料、数据的收集、分析以及实地调研等工作，完成对项目技术、经济、工程、市场、环境等条件的最终论证和分析预测，适时开展土地预审、环境影响评价、接入系统设计、水土保持方案、地震安全性评估、地质灾害危险性评估等相关专题的研究和编制工作，并取得省级或国家相关部门的支持性文件。本阶段的工作目标是提出项目是否具有投资价值和如何开发建设的结论，为省级或国家投资主管部门核准项目提供重要依据。

四、申请项目核准

按照国家有关项目核准要求，项目单位向省级能源主管部门提交风电场项目申请报告并申请审查。项目申请报告通过审查后，5 万千瓦以下装机容量项目由项目单位向省级投资主管部门申请核准，5 万千瓦及以上装机容量项目由省级投资主管部门向国家投资主管部门申请核准。本阶段的工作目标是取得省级或国家投资主管部门同意项目建设的核准批复文件。

---

[1] 项目单位，是指取得具有项目核准职能的能源主管部门开展项目前期工作许可或被授予项目开发权后的项目开发单位。

五、风电场项目前期工作流程

风电场项目前期工作流程如图 1-1 所示。

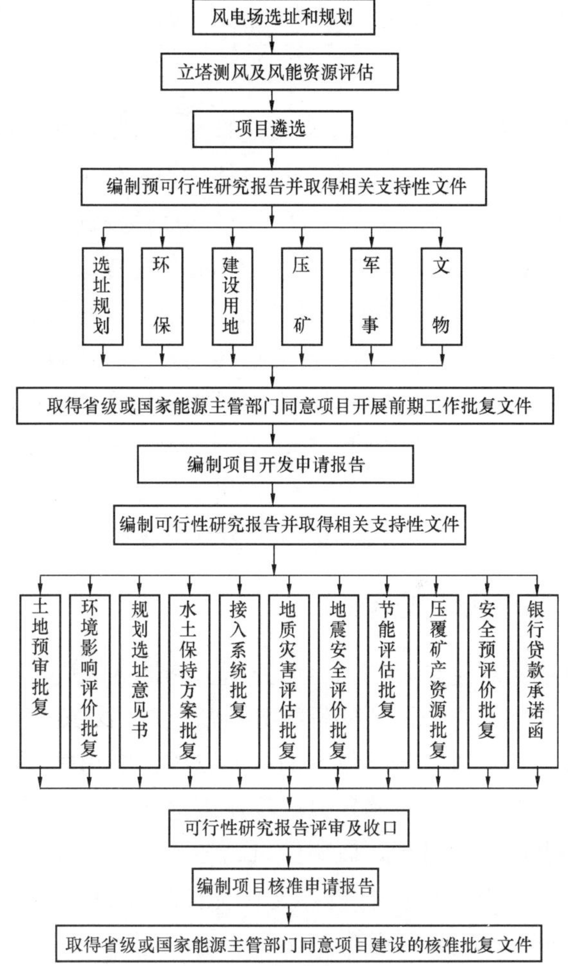

图 1-1 风电场项目前期工作流程

项 目 遴 选

项目遴选阶段应完成风电场宏观选址、选址报告编制、测风塔安装、风能资源测量和评估、风电场规划报告编制等工作。项目开发单位应在专业人员的配合下，对规划区域进行现场踏勘，初步落实规划区域建设条件。测风数据收集完成后，委托专业设计单位对规划区域进行风能资源评估。风能资源是风电场建设的基础，评估工作要科学、严谨，评估结论要具有代表性，能全面反映风场[1]区域风能资源情况。根据风能资源评估结论，编制风电场规划报告，对风电场建设提出意见。项目开发单位在完成上述基础工作的前提下，根据专业咨询机构的意见，提出项目开发建议，由项目开发单位决策层确定开发项目成立。

一、风电场宏观选址

风电场宏观选址是在认真研究国家和地区风电发展规划的基础上，详细调查地区风能资源分布情况，广泛收集区域风电场运行数据，通过对若干场址的风能资源、电网接入和其它建设条件的分析和比选，确定风电场建设地点、开发价值、开发策略和开发步骤的过程，以确保风电场项目健康起步。

风电场宏观选址主要指导文件为国家发展改革委颁布的《风电场场址选择技术规定》。

---

[1] 风场，是指拟进行风能资源开发利用的场地、区域或范围。风电场，是指由一批风力发电机组或风力发电机组群组成的电站。

现场踏勘是风电场宏观选址的基础。依据第三次全国风能普查成果和国家土地利用规划，参照《风电场场址选择技术规定》，由咨询机构的专业人员首先在地形图上进行初步规划选址工作。主要是根据拟选场址地形图分析当地风能资源典型特征，包括对风机排布方式和风电场规划容量做最初的设计和估算。图上选址工作完成后，由项目开发单位组织，邀请专业人员和地方政府人员共同对拟选场址进行实地考察。考察的内容主要是风能资源的优劣，同时至少还应包括土地的可用性（规划）、地形地貌、工程地质、交通运输、电网情况，初步确定测风塔的立塔位置，对建场条件进行初步了解。现场踏勘的目的在于为编制宏观选址报告收集第一手资料。

（一）风电场风能资源考察途径

风电场风能资源考察主要通过以下途径：

（1）咨询当地气象部门或气象专家，搜集相关气象资料。

（2）查阅当地政府有关风电场工程规划资料。

（3）听取当地居民的描述。

（4）查看风成、植被或地貌情况。

（5）参考附近风电场实际运行数据或风能资料。

（二）风电场宏观选址需收集的资料

风电场宏观选址需收集的资料详见表 2-1。

表 2-1 风电场宏观选址需收集的资料

序号	资料名称	主要内容	收资单位
1	地形图	风场所处区域 1∶10 000（争取）、1∶50 000 地形图（必须）	市/县国土局
2	电力系统规划文件（含报告和电网接线图）	地区或城市电力系统概况及发展规划	市电力公司
3	气象资料	风场区域常规气象和长期测站风向、风速等	市/县气象局

续表

序号	资料名称	主要内容	收资单位
4	土地属性分布图	风场范围内及其周边区域功能属性	市/县国土局
5	卫星航片	风场范围内及其周边区域地表、地物分布	市/县国土局
6	地方志	地方志	市/县发展改革委（局）
7	矿藏分布图	风场范围内及其周边区域矿藏分布情况	市/县国土局
8	自然保护区范围图	风场区域自然保护区分布情况	市/县环保局
9	环境敏感点、水源地等生态分布图	国家保护物种（动植物）栖息、繁殖、迁徙地	市/县环保局
10	军事设施分布	风场区域军事设施	市/县人民武装部
11	旅游保护范围资料	风场区域旅游保护资料及规划	市/县旅游局
12	市/县建设规划	明确市/县建设总体规划	市/县规划局
13	文物景区证明	项目所在区域及其附近现存文物资料、景区建设资料	市/县文物局
14	区域风电场规划报告	区域风电场发展规划	省/市/县发展改革委（局）

（三）影响风电场宏观选址主要因素

风电场宏观选址，应充分考虑以下因素，对候选场址进行综合评估拟定：风能资源及相关气候条件、地形和交通运输条件、土地征用与土地利用规划、工程地质、接入系统、环境保护、军事影响、洪水灾害、压覆矿床等。

（四）风电场宏观选址基本原则

1. 符合国家产业政策和风电发展规划

项目场址需列入县、市、省乃至国家风电产业发展规划，这是风电项目开发过程中需注意的首要问题。

2. 风能资源丰富、风能质量好

拟选场址风功率密度等级一般应大于3级（按《风电场风能资源评估方法》，即GB/T 18710—2002），盛行风向稳定，风速的日变化和季节变化较小，风切变较小，湍流强度较小，无破坏性风速。

由于各地区风电上网电价不同，风电场的建设条件及其海拔高度差异较大，可安装风电机组单机容量不同，以及风电机组技术性能要求不同，一般风电场最低可开发的年平均风速为6～7米/秒。随着风电机组技术性能的提高，以及风电设备价格的降低，风电场最低可开发的年平均风速也将随之降低。

3. 满足并网要求

认真研究电网网架结构和规划发展情况，根据电网容量、电压等级、电网网架、负荷特性、建设规划，合理确定风电场建设规模和开发时序，保证风电场接得上、送得出。必要时，应结合电网建设情况编制区域内风电场的并网规划。

4. 具备交通运输和施工安装条件

拟选场址周围公路、铁路、港口等交通运输条件，应满足风电机组、施工机械、吊装设备以及其它设备与材料的进场要求。场内施工场地应满足设备和材料存放、风电机组吊装等的要求。

5. 保证工程安全

拟选场址应避免洪水、潮水、地震、火灾和其它地质灾害（如山体滑坡）、气象灾害（如覆冰、台风）等可能对工程造成的破坏性影响和颠覆性因素。

6. 满足环境保护的要求

拟选风场应避让鸟类的迁徙路径以及其它动物的停留地或繁殖区；与居民区保持一定距离，避免噪声、叶片阴影扰民；尽量减少耕地、林地、牧场等有关类型土地的占用。

7. 进行项目初步经济性评估

规划装机规模应满足经济性开发要求，项目开发应满足投资回报要求。一般要求风电场项目资本金内部收益率不低于8%。

根据现场踏勘及收集的资料，咨询机构综合分析资源条件和建场条件，排除不具备建设条件的区域，最后确定若干个备选场址，并编制风电场宏观选址报告。报告中应提出规划风电场场址以及测风塔安装方案，初步拟定开发次序。一般拟规划风电场范围应不小于20千米^2，总装机容量不低于5万千瓦。

二、风能资源测量和评估

测风数据的收集是风电场风能资源评估的基础。按照国家发展改革委颁布的《风电场风能资源测量和评估技术规定》，对项目所在区域的风能资源进行测量，并委托专业机构对测风数据进行评估。

（一）风能资源测量

（1）测风塔位置应具有风电场风能资源状况的代表性，一般在风场中央位置。测风塔数量应满足风电场风能资源评估要求，测风高度应达到预期安装风机轮毂高度，测风仪器需经法定计量部门检验合格。

（2）测风设备安装前，根据已有测站或气象站的测风资料，了解当地盛行风向。测风设备需严格按照技术规定要求安装。

（3）测风期应至少包含一个完整年，且数据的完整率应达到 90%以上，并规范地开展数据的收集和整理工作。

（4）项目开发单位应定期到现场采集数据并记录现场情况，及时对收集的数据进行分析判断。发现数据缺漏或失真时，应及时进行设备检修或更换。

（5）测风塔及测风设备投入运行以后，传感器经常会因为缺电、沙尘、积冰、雷击、电缆磨损、数据记录仪故障等造成数据的丢失或失真。因此，要经常到现场检查仪器和测风数据，及时发现和解决问题，防止数据丢失。用无线方式接收数据的，还应注意保障运营费用，确保通信畅通。

（6）测量数据作为原始资料正本保存，用复制件进行数据整理，并做好数据的保密工作。

（二）风能资源评估

测风数据收集完成后，应委托专业咨询机构对风能资源进行评估，并编制风能资源评估报告。风能资源评估工作的主要内容有：

1. 数据验证

对收集的原始测风数据进行完整性和合理性检查，检验出缺测的数据和不合理的数据，并经过适当处理，整理出一个完整年的风场逐小时测风数据，数据的完整率至少应达到 90%。

2. 数据订正

根据风场附近气象站等长期测站的观测数据，用相关分析的方法将验证后的测风数据订正为一套反映该风场长期平均水平的代表性数据，即风电场代表年的逐小时风速风向数据。具体可参考《风电场风能资源评估方法》（GB/T 18710—2002）中附录 A 数据订正的方法。

3. 主要计算结果

主要计算成果有：

（1）月平均风速。

（2）年平均风速。

（3）月平均风功率密度。

（4）年平均风功率密度。

（5）各月逐小时平均风功率密度。

（6）各风速（米/秒，指一个风速区间的）风能频率。

（7）16 个方位扇区内风向出现的频率和风能密度的方向分布。

（8）风切变指数。

（9）湍流强度。

（10）根据计算数据绘制风况图，主要有：年风况图，包括全年的风速和风功率日变化曲线图、风速和风功率的年变化图、全年的风速频率分布直方图、全年的风向和风能玫瑰图；月风况图，包括各月的风速和风功率日曲线变化图、各月的风向和风能玫瑰图。

另外，还应有长期测站风况图，包括与风场测风塔同期的风速年变化直方图、连续 20～30 年的年平均风速变化直方图。

4. 风能资源评估

根据处理后的数据，对风场风能资源进行评估，判断风场是否具有开发价值。

（1）风功率密度。

风功率密度蕴含风速、风速频率分布和空气密度的影响，是风电场风能资源的综合指标。风功率密度等级达到或超过 3 级的风场，才具有开发价值。

3 级风况表示 10 米高度风功率密度范围为 150～200 瓦/米^2，年平均风速参考值为 5.6 米/秒；对应的 30 米高度风功率密度范围为 240～320 瓦/米^2，年平均风速参考值为 6.5 米/秒；对应的 50 米高度风功率密度范围为 300～400 瓦/米^2，年平均风速参考值为 7.0 米/秒。

根据当前风电技术水平、主要设备性能不断提高的趋势，在保证投资收益率的前提下，风电场建设年平均风速（70 米高度）可考虑 6.0 米/秒及风功率密度 200 瓦/米^2 左右的风况。随着风机等设备技术水平不断进步，风电场对风能资源的要求呈降低趋势。

（2）风向频率及风能密度的方向分布。

主导风向对风机排布具有重要指导意义，应结合当地气象站风向数据，经相关性验证后得出结论。我国位于欧亚大陆东部和东南部，属季风性气候，一般情况下，风场主导风向特点较显著，冬季主要为西北方向，夏季主要为东南方向。

（3）风速的日变化和年变化。

用各月的风速（或风功率密度）日变化曲线图和全年的风速（或风功率密度）日变化曲线图与当地同期的电网日负荷曲线对比，风速（或风功率密度）年变化曲线图与当地同期的电网年负荷曲线对比，两者一致或接近的部分越多越好，表明风电场发电量与当地负荷相匹配，风电场输出电力的变化接近负荷需求的变化。

（4）湍流强度。

风电场的湍流对风电机组性能和寿命有直接影响，风电场湍流强度 I_T 值不应超过 0.25。

（5）发电量初步估算。

结合当地地形条件、地貌特征和风能资源情况，选择当前成熟的主流机型初步估算风电场发电量。在扣除空气密度影响、控制和湍流影响、尾流影响、叶片污染、风电机组可利用率、场用电和输电损耗、气候影响停机以及调峰限制等各种损耗后，风电场年等效满负荷利用小时数一般不低于 1800 小时才具有较好的开发利用价值。

（6）其它气象因素。

特殊的天气条件对风电机组提出了特殊的要求，会影响风电场的正常运行，如积雪、积冰、雷暴、雾、极端气温或沙尘等。

三、风电场规划报告

风电场规划是风能资源有序开发的基本依据。风电场规划报告主要内容应包括：

（一）风电场场址比选

1. 比较风能资源和气象条件

按照《风电场风能资源评估方法》（GB/T 18710—2002）对风能资源进行评估。要提出极端气温、沙尘、盐雾、雷电、冰雹、雨（雾）凇等气象条件对风电机组、发电量、工程施工等的影响。初步选择一种机型，并比较各场址的年均发电量。

2. 比较各场址的地形和交通条件

地形平缓，有利于减小湍流强度，有利于风电机组的场内运输、摆放，有利于吊装机械和其它施工机械作业；复杂多变的地形则相反。交通条件比较主要是比较风电机组的运输条件和运输距离，同时要考虑施工机械的进场，有无桥涵需要加固，有无道路或弯道需要加宽、改造，认真计算解决交通运输问题所需的工程土石方量。

3. 比较各场址的工程地质条件

比较各场址基础处理的难易程度。在风电场选址时，应尽量选择地层结构简单、地震烈度小、工程地质和水文地质条件较好的场址。作为风电机组基础持力层的岩（土）层，应厚度较大、变化较小、土质均匀，且承载力能满足风电机组基础的要求。

4. 其它比选内容

（1）政府态度：当地政府和居民对在该地区建设风电场的

态度。

（2）用地：当地是否已将场址规划为其它用途，或附近有无和建设风电场冲突的项目，是否涉及建筑物拆迁或鱼塘、盐场、耕地、林地的占用，地下有无矿产，风电场用地是否涉及两个县级及以上行政区。

（3）环保：是否涉及自然保护区、文化遗产、风景名胜，对动植物、居民有无不良影响。

（4）总装机容量：较大的装机容量可以摊低道路、接入系统等固定成本，但总投资会有所增加。

（5）投资：初步作出各场址的投资估算。

（6）电价：预计风电场项目能够争取的电价（目前全国各区域风电标杆电价已经确定）。

（二）规划装机容量

风电场装机容量取决于项目可利用土地面积、地形、风资源分布、主导风向等因素。

根据1∶50 000地形图、测风数据、适用机型以及有关风资源分析软件进行初步风机布置。

（三）接入系统初步方案

接入方案应考虑风电场场址与现有变电站的距离、是否需要新建改建变电站、线路的电压等级以及电网的结构和容量等因素。

（四）环境影响初步评价

环境影响评价应考虑风电场的建设对场址及外围环境有无影响及影响的程度，是否涉及自然保护区、文化遗产、风景名胜，对动植物、居民有无不良影响。

（五）开发顺序及下一步工作安排

根据风电场“统一规划、分期实施”的原则，对风电场排出开发建设顺序，并制订首期项目的年度前期工作初步计划。

四、确定开发项目

项目开发必须符合国家和地方有关法律法规、产业政策和风电发展规划。项目开发单位依据其上级单位或自身发展战略和发展规划，经初步现场踏勘、选址、气象数据分析研究，形成调研报告和项目建议书，对拟选风电场项目提出投资开发建议，报请企业投资决策层对项目综合分析后作出项目开发决定。

典型的项目开发企业内部立项流程分述如下。

（一）收集资料

项目开发单位应充分了解掌握国家宏观经济政策和新能源发展总体规划，以及所在地区的经济发展规划、电力发展规划和新能源产业发展规划，搜集当地资源、环境和市场，以及市场竞争方的情况等资料，密切关注当地投资风电项目的客观条件、政策环境及政府态度。通过信息汇总分析，向上级单位呈报具有开发价值的风电场投资项目。

资料收集应注意以下相关信息：

1. 风能资源

气象资料、相邻风场风能数据、向当地居民了解风力情况、观察风场植被情况等。

2. 电力送出

当地35千伏及以上变电站容量、线容、间隔，地区电力负荷，地区电网规划等。

3. 交通运输

风场附近国道、省道、县乡级公路情况，进场道路引接，检修道路设置、转弯半径需满足风机运输要求。

4. 区域市场状况

项目建设所用钢材、水泥等建材以及建设人工费等情况。

5. 拟建风电场的技术优势

拟建风电场应使用国内最新技术设备，力求高效、节能、环保，创建环境友好型项目。

6. 市场环境

拟建风电场项目对当地投资的影响，当地政府和政策的支持力度，社会环境及竞争方的状况，建设用地征用难度等。

7. 项目预测

通过资料的收集，推荐项目优势，分析项目风险，预测项目前景。

（二）编制项目建议书

项目建议书是项目开发单位根据国家和地方中长期发展规划、能源产业政策、生产力布局、国内外市场、所在地的内外部条件，对项目提出的开发建议，是对拟开发项目提出的框架性总体设想。项目建议书应主要阐述该风电场项目是否具备开发条件和竞争优势，是否取得当地政府部门的支持。内容要翔实、准确，为项目投资决策提供可靠依据。

（三）上报项目建议书

项目开发单位编写完成项目建议书后，先由本单位进行初步审查，修改完善后报上级单位审定。

（四）上级单位审定

上级单位项目主管部门就资源禀赋、市场需求、场址条件、政府态度、技术优势、项目特点、公司发展规划和配套资源、核准前景和项目风险等因素对项目进行预评估，出具书面预评估意见报上级决策层（公司董事会）审定，并在投资决议形成后，发文确定项目开展相关工作。

（五）签订项目开发协议

项目开发单位根据上级单位的要求，与地方政府协商签订合作开发协议。

（1）根据与政府协商的初步意见，草拟合作开发协议，协议中应明确项目范围。

（2）草拟合作开发协议经法律顾问审核后，上报上级单位审阅。上级单位确定后，与政府商定合作协议签订相关事宜。

（3）协议签订仪式一般由政府部门组织，政府主管部门领导及项目开发单位代表参加。

项目开发单位与政府签署的合作开发协议是明确项目规划和开发主体的重要依据。项目经开发企业内部立项后，项目前期工作即进入了预可行性研究和申报开展前期工作阶段。

第三章

预可行性研究

预可行性研究是风电场项目前期工作的重要环节，是取得省级或国家能源主管部门关于风电场项目开展前期工作许可的重要基础性工作。项目开发单位应委托具备国家规定资质的咨询单位编制预可行性研究报告，完成项目的初步规划方案，并取得相应的县级环保、规划选址、建设用地、压矿、军事、文物等支持性文件。

本阶段的工作目标是取得省级或国家能源主管部门同意风电场项目开展前期工作批复文件。

项目预可行性研究阶段应完成的主要工作分述如下。

一、预可行性研究工作启动

项目开发单位组织召开包括政府相关部门和咨询单位参加的预可行性研究报告收资联络及项目启动会，明确项目设计总工程师及各专业负责人，确定工作目标和要求，听取各方意见，协调各方关系，为预可行性研究报告的顺利编制奠定基础。

二、资料收集及场址踏勘

预可行性研究报告编制之前，编制单位和项目开发单位共同负责收集项目的基础性资料，进行场址踏勘调研。包括该地区水文气象、文物古迹、地形地貌、地震地灾、工程地质、岩土工程、交通运输、电场水源、环境保护、输电系统规划设计等。

三、预可行性研究报告编制

预可行性研究报告需要明确项目的初步规划方案，研究工程的基本建设条件，包括水文气象、工程地质、场区总平面布置、公路交通、环境保护、电力系统接入等，对设计方案进行原则性阐述，提出投资估算和经济效益分析。

项目开发单位应委托符合国家规定资质的专业咨询机构编制项目预可行性研究报告。

风电场项目预可行性研究包括以下主要内容：

（1）论证项目的必要性。

（2）进行基础资料的收集、踏勘调研，必要时进行少量勘测和试验工作，对可能造成的场址颠覆性因素进行论证，初步落实建场的外部条件。

（3）新建工程应对场址方案进行技术和经济比较，择优推荐出开展可行性研究的场址方案。

（4）风电场规划容量及机组选型的建议。

（5）初步投资估算、经济效益与风险分析。

预可行性研究报告可根据具体情况，按相关报告及支持性文件编制印装。报告应具备相应的附表与附图，如场址总规划图、接入系统图等。

四、项目支持性文件

在预可行性研究阶段，项目开发单位应取得县、市级相关行政主管部门出具的批复文件，作为本阶段的项目支持性文件。

（一）项目列入省、市、县级规划文件

项目应列入省、市、县级风电发展规划，没有列入规划的

项目，各级政府原则上不予同意开展前期工作。项目开发单位应按照地方政府要求，提交项目规划报告和列入规划申请、测风数据、开发计划等，并积极配合政府编制地区风电发展规划。目前，国家风电规划已有8个“千万千瓦风电基地规划”、“风电‘十二五’发展规划”等。各省、市、县级政府也根据国家产业政策和要求，编制了当地的风电开发建设规划。

项目开发单位在申请文件中，应明确风电场基本情况、申请开发容量、开发计划、投资总额、技术支持等内容。

（二）项目建设用地文件及土地利用规划文件

项目开发单位向县、市级国土资源主管部门提交关于项目用地的请示，国土资源主管部门根据相关法律法规，出具原则同意项目用地的意见（参见附录三）。

项目建设用地应列入县、市级政府土地利用规划（参见附录四）。

项目开发单位应按照国土部门要求及时申报建设用地，并取得当地政府建设用地规划和支持性文件。在申请文件中，要注明项目建设用地数量、地址、用地类型等。

（三）环保文件

项目开发单位向县、市级环境保护部门提交关于项目对当地环境有无影响的请示，环境保护部门根据相关法律法规，出具原则同意项目开展前期工作的意见（参见附录五）。

项目开发单位在请示文件中，应说明项目建设基本情况、开发时间、列入规划情况，并申请开展环境影响评价工作。

（四）选址意见

项目开发单位向县、市级住建主管部门提交关于项目进入城乡建设规划的请示，住建主管部门根据规定出具项目列入城乡建设规划意见（参见附录六）。

项目开发单位在请示文件中，应说明项目基本情况、场址位置、开发计划等内容，并申请列入城乡建设规划。

（五）不影响文物保护意见

项目开发单位向县、市级文物保护部门提交关于项目选址对文物有无影响的请示，文物保护部门根据相关法律法规，出具是否同意项目建设的意见（参见附录七）。

项目开发单位在请示文件中，应说明项目基本情况、场址位置、开发计划等内容，并申请文物主管部门对场址区域进行核查，出具是否影响文物保护和同意项目建设的文件。

（六）无压矿文件

项目开发单位向县、市级国土资源主管部门提交关于项目选址有无压覆矿产的请示，国土资源主管部门根据相关法律法规，出具原则同意项目拟选场址的意见（参见附录八）。

项目开发单位在请示文件中，应注明项目基本情况、场址位置、开发计划等内容，申请国土部门核查拟建风电场区域是否压覆已查明矿产资源，出具同意项目建设用地的意见。

（七）不涉及军事设施文件

项目开发单位向县、市级人民武装部门提交关于项目对军事设施有无影响的请示，人民武装部门依据相关规定出具批复文件（参见附录九）。

项目开发单位在请示文件中，应注明项目基本情况、场址位置、开发计划等内容，并申请人民武装部门核查拟建风电场区域是否对军事设施产生影响，出具同意项目建设的文件。

五、预可行性研究报告审查

预可行性研究报告经项目开发单位自审、上级单位内审后，编制单位根据审查意见进行修改完善，完成预可行性研究报告收口工作。

预可行性研究报告审查应完成以下步骤：

（1）项目开发单位自审。预可行性研究报告编制完成后，项目开发单位应对报告自行审查。

（2）上级单位内审。项目开发单位向上级单位主管部门提交项目预可行性研究报告及相关必要材料，上级单位应及时组织召开内部审查会议并提出具体的修改和补充意见。

（3）预可行性研究报告修订。根据预可行性研究报告内部审查会议纪要，项目开发单位督促预可行性研究报告编制单位对报告进行修改和完善，落实会议纪要有关要求。报告修订完成后应及时印装，完成预可行性研究报告收口工作。

六、申请项目开展前期工作

在取得上述县、市级文件及完成预可行性研究报告收口工作后，若项目装机容量低于5万千瓦，报县级能源主管部门申请开展前期工作，经市级能源主管部门上报省级能源主管部门出具同意开展前期工作的批复文件（参见附录十）。若项目装机容量为5万千瓦及以上，还需省级能源主管部门向国家能源主管部门请示（参见附录十一），由国家能源主管部门出具同意开展前期工作的批复文件（参见附录十二）。

项目开发企业还需编制项目开发申请报告，以列入项目所在省（区、市）的年度开发计划。

项目开发申请报告应在预可行性研究阶段工作成果的基础上编制，应包括以下内容：

（1）风电场风能资源测量和评估成果、风电场地形图测量成果、工程地质勘察成果及工程建设条件。

（2）项目建设必要性，初步确定开发任务、工程规模、设计方案和电网接入条件。

（3）初拟建设用地类别、范围及对环境影响的初步评价。

（4）初步的项目经济和社会效益分析。

项目开发申请报告编制完成后，报请省级能源主管部门列入本省（区、市）的年度开发计划，再由省级能源主管部门将年度开发计划上报国家能源主管部门。

在取得省级或国家能源主管部门同意项目开展前期工作的批复文件后，项目单位即可开展项目可行性研究工作，全面落实项目建设条件。

第四章

可 行 性 研 究

根据国家现行规定，新建、扩建风电项目均应开展可行性研究工作。风电场项目可行性研究工作在其预可行性研究工作的基础上进行，是政府投资主管部门核准风电场项目的重要依据。项目可行性研究是对已获得开展前期工作许可的风电场项目，通过有关资料和数据的收集、分析以及实地调研等工作，完成对项目技术、经济、工程、环境、市场等多方面的最终论证和分析预测，提出该项目是否具有投资价值以及如何开发建设的可行性意见，确定风电场的建设方案，为项目核准提供全面的参考依据。

本阶段，项目单位应委托具备必要资质的设计单位编制项目可行性研究报告，适时开展土地预审、环境影响评价、水土保持方案、接入系统设计、项目规划选址、地震安全性评估、地质灾害危险性评估等相关专题的研究和委托编制工作，并取得相应的支持性文件。

一、可行性研究报告编制

风电场项目可行性研究报告是受委托的设计单位在预可行性研究报告的基础上，通过比较各种建设方案，并对项目建成后的财务评价、经济效益、社会影响进行分析和预测，从而确定选择技术先进适用、经济和社会效益可行、投资风险可控的项目方案的专题论证报告。

可行性研究报告应委托具备甲级咨询资质的设计单位

编制。

（一）可行性研究报告需收集的资料

可行性研究报告需收集的资料主要包括：

（1）拟建风电场范围（规划范围和本期范围）。

（2）项目投资方简介。

（3）项目区域1∶10 000地形图或1∶50 000地形图。

（4）项目周边区域气象站历年（近30年）气象资料。

（5）项目实地测风资料（需测风满一年，并满足风电场项目可行性研究深度要求）。

（6）气象站与项目实地测风同期资料（一年）。

（7）项目投资方对于风机拟选机型范围的意见。

（8）项目规划报告和评审意见。

（9）当地电网发展规划报告，包括电网现状图和规划图。

（10）风电场升压变电站建筑风格。

（11）风电场升压变电站生产生活水源取水方式、采暖方式。

（12）项目施工工期计划。

（13）工程管理方案（运营期间职能机构设置及人数）。

（14）项目所在区域交通运输条件现状及规划资料。

（15）项目所在区域土地利用、规划资料，以及土地类型（耕地、林地、建设区）分布图。

（16）项目所在区域有无自然林分布、自然保护区（核心区、缓冲区）和水土保持禁垦区的证明资料。若存在自然林分布、自然保护区（核心区、缓冲区）和水土保持禁垦区，需提供确切的位置和范围（在地形图上标注后提供）。

（17）项目所在区域有无旅游保护范围的证明资料。若存在旅游保护区，需提供确切的位置和范围（在地形图上标注后提供）。

(18) 项目对当地军事设施无影响的文件。

(19) 项目所在区域是否存在文物保护范围的证明资料。若存在文物，需提供确切的位置和范围（在地形图上标注后提供）。

(20) 项目所在区域有无压覆矿床及采空区的证明资料。若存在压矿或采空区，需提供确切的位置和范围（在地形图上标注后提供）。

(21) 项目所在区域征（租）土地价格。

(22) 当地主要建筑材料价格。

(23) 施工及检修道路占地的使用方案（征用或租用）。

(24) 林木等用地的赔偿情况及相关政策，环境保护和水土保持投资估算。

(25) 项目预可行性研究报告审查意见。

（二）可行性研究报告的主要内容

风电场项目可行性研究报告应根据国家发展改革委颁布的《风电场工程可行性研究报告编制办法》进行编制。

风电场项目可行性研究主要包括以下内容：

(1) 论证项目建设的必要性和可行性。

(2) 对拟建场址进行全面技术经济比较并提出建议。

(3) 进行必要的调查、收资、勘测和试验工作。

(4) 落实环境保护、水土保持、土地利用与拆迁补偿原则和范围，以及相关费用、接入系统、交通运输条件。

(5) 对场址总体规划、场区总平面规划以及各工艺系统提出工程设想，以满足投资估算和财务分析的要求。对推荐场址应论证并提出主机技术条件，以满足主机招标的要求。

(6) 投资估算应能满足控制概算的要求，并进行造价分析。

(7) 财务分析所需的原始资料应切合实际，以此确定相应上网参考电价估算值。利用外资项目的财务分析指标，应符合国家规定的有关利用外资项目的技术经济政策。

（8）说明合理利用资源情况，进行节能分析、风险分析及经济与社会影响分析。

项目可行性研究报告初稿完成后，即可委托编制项目环境影响评价、水土保持方案、接入系统设计等专题报告。可行性研究报告为专题报告提供基础资料和数据，同时专题报告也为可行性研究报告提供专项设计依据。在专题报告编制过程中，各设计单位从不同方面对项目建设的可行性提出设计方案，要在充分沟通的前提下保证各报告的一致性。

二、相关专题报告编制

本阶段应编制完成土地预审、环境影响评价、接入系统设计、水土保持方案、地震安全性评价、地质灾害危险性评估、安全生产预评价等 10 个专题报告。其中，土地预审、环境影响评价、接入系统设计和节能评估是必须编制的专题报告，其它专题报告可根据各省级能源主管部门的要求和项目实际情况确定是否开展编制工作。

专题报告编制完成后，应及时报请相关主管部门审查，并逐级上报相关行政主管部门办理批复文件。

专题报告及支持性文件有：

（一）土地预审报告

项目单位委托具有国家规定资质的咨询单位编制土地预审报告，申报省级国土资源主管部门评审。土地预审报告通过评审，用于申办省级国土资源主管部门关于建设项目用地初步预审意见或国家国土资源主管部门关于建设项目用地预审意见的复函（参见附录十三）。

项目单位在申报文件中，应说明项目建设用地情况、用地计划、报告编制、审批程序完成情况，申请报告审查。

报告审查后，咨询单位应根据审查意见的要求修改、完善报告并重新印装。新版报告需及时上报省级国土资源主管部门备案。

（二）环境影响评价报告

根据国家环境保护部颁布的《建设项目环境影响评价分类管理名录》规定，环境影响评价类别按污染程度分为污染严重的、污染较重的和几乎没有污染的3类，对应的环境影响评价体系类别分别为建设项目环境影响评价报告书、建设项目环境影响评价报告表和建设项目环境影响评价登记表3种。

一般地，对于装机容量低于5万千瓦，以及装机容量为5万千瓦及以上且附近没有环境敏感区的风电场项目，应编制建设项目环境影响评价报告表；对于装机容量为5万千瓦及以上且涉及环境敏感区的风电场项目，应编制建设项目环境影响评价报告书。其中，环境敏感区是指依法设立的各级各类自然、文化保护地，以及对建设项目的某类污染因子或者生态影响因子特别敏感的区域，如自然保护区、风景名胜区、基本农田保护区、基本草原、森林公园以及以居住、医疗卫生、文化教育、科研、行政办公等为主要功能的区域等。

建设项目环境影响评价报告书和建设项目环境影响评价报告表必须由具有相关资质的单位编制，建设项目环境影响评价登记表则可由项目单位自行编制。根据《中华人民共和国环境保护部公告》（2012年第51号）要求，自2012年9月1日起，建设单位向各级环保部门报送环境影响报告书，应同时提交报告书简本。

以装机容量低于5万千瓦的风电场项目为例，项目单位委托具有国家规定资质的咨询单位编报建设项目环境影响评价报告表，由县、市级环保主管部门出具意见后，申报省级环保主管部门审查。在通过省级环保主管部门组织的审查后，由省级或国家环保部门下发建设项目环境影响评价报告表的批复（参见附录十四）。

项目单位在请示文件中，应说明项目基本情况、建设计划、报告编制情况和审批程序完成情况等内容，申请报告表审查。

（三）选址规划意见书

项目单位委托具有国家规定建设规划资质的咨询单位编制选址规划报告，申报省级住建部门审查。通过省级住建部门组织的审查后，由省级住建部门下发建设项目规划选址意见书（参见附录十五）。

项目单位在申报文件中，应说明项目建设基本情况，项目是否列入县、市级规划，建设计划及是否符合当地发展规划等内容，申请报告审查。

报告审查后，按照审查意见，编制单位应修改、完善报告相关内容，重新印装后送达省级住建部门。

（四）水土保持方案报告

项目单位委托具有国家规定资质的咨询单位编制完成项目水土保持方案报告，申报省级水利主管部门对水土保持方案报告进行评审。水土保持方案报告通过评审后，由省级和国家水利主管部门出具关于建设项目水土保持方案的批复文件（参见附录十六）。

根据项目用地情况报请省级或国家水利主管部门审查并出具批复文件。一般地，项目建设用地面积小于 50 公顷，由省级水利主管部门批复；项目建设用地面积为 50 公顷及以上，由国家水利主管部门审批。部分流域水利主管部门有时也要求对该流域项目的水土保持方案进行审批。

项目单位请示文件中，应说明项目基本情况、用地计划、建设计划、专题报告审批流程情况等内容，申请报告审查。

（五）接入系统专题报告

根据《风电场接入电网管理办法》，风电场项目接入系统需编制并网咨询报告、电网接纳能力报告、接入系统设计报告、电能质量分析报告、送出工程可行性研究报告等。省级电网企业对并网咨询报告、电网接纳能力报告评审后，上报国家电网企业计划并备案。根据国家电网企业计划，省级电网企业组织安排项目接入系统设计报告、电能质量分析报告初审，国家电网企业组织接入系统设计报告、电能质量分析报告审查。审查通过后，国家电网企业出具接入系统审查批复。项目单位根据批复编制送出工程可行性研究报告，经省级电网企业审查通过后，再根据国家电网企业审查意见出具同意项目接入电网的批复文件（参见附录十七）。

接入系统相关专题报告审查需向省级电网企业申请。省级电网企业、国家电网企业负责组织项目的评审。项目单位在报请审查文件中应说明项目基本情况、建设计划、工程进度等内容。由于风电存在电力间歇性的特点，在风机选型、电气系统配置方面，应选用满足电网接入要求的设备。

（六）地质灾害危险性评估报告

项目单位委托具有国家规定资质的咨询单位编制地质灾害危险性评估报告后，需经省级国土资源主管部门组织专家评审。地质灾害危险性评估报告通过评审，用于申办省级国土资源主管部门关于项目地质灾害危险性评估报告的备案登记表（参见附录十八）。

地质灾害危险性评估是对风电场选址区域地质灾害的评价。对地质灾害危险区，项目单位要做好防范措施。拟建风电场应避开危险性较大、防范措施费用投资较大的区域。

（七）地震安全性评价报告

项目单位委托具有国家规定资质的咨询单位编制地震安全性评价报告后，需经省级地震安全主管部门组织专家评审。地震安全性评价报告通过评审，用于申办省级地震安全主管部门关于建设项目地震安全性评价报告的批复文件（参见附录十九）。

地震安全性评价是对项目选址地震安全性的评估。地震裂度的强度将直接影响工程建设投资。风电场选址原则上不能选在地震断裂活动地带。

（八）压覆矿产资源评估报告

项目单位委托具有国家规定资质的咨询单位编制压覆矿产资源评估报告，这是取得省级国土资源主管部门出具的对风电场项目选址意见的基础。

压覆矿产资源评估报告编制完成后，项目单位需向省级国土资源主管部门申请评审。压覆矿产资源评估报告通过评审，用于申办省级国土资源主管部门关于风电场项目选址范围内无压覆矿产资源的评估证明文件（参见附录二十）。

（九）安全预评价专题报告

项目单位委托具有国家规定资质的咨询单位编制安全预评价报告后，需经省级或国家安全生产监督管理部门组织专家评审。安全预评价报告通过评审，用于申办省级或国家安全生产监督管理部门关于建设项目安全预评价报告的备案文件（参见附录二十一）。

（十）节能评估报告

项目单位委托具有国家规定资质的咨询单位编制节能评估报告后，经省级发展改革部门组织审查，取得项目节能评估批复意见（参见附录二十二）。按照国家有关规定，通过节能评估报告审查的风电场项目方可核准。

（十一）贷款承诺

贷款承诺函或贷款意向协议是国家级银行与项目单位签署的原则同意向项目建设发放贷款的承诺文件。贷款承诺函是项目单位与银行间的意向（参见附录二十三），但不能作为发放贷款的依据，在项目建设需贷款时，还需办理相应贷款手续。

三、可行性研究报告审查与收口

可行性研究报告编制完成后，项目单位应在完成项目单位自审、上级单位内审后，申请省级能源主管部门组织审查。

可行性研究报告审查与收口应完成以下主要步骤：

（1）项目单位自审。可行性研究报告编制完成后，项目单位对报告自行审查。

（2）上级单位内审。项目单位向上级单位项目前期工作主管部门提交项目可行性研究报告及相关必要材料，上级单位应及时组织审查并提出具体的修改和补充意见。

（3）可行性研究报告修订。根据可行性研究报告内部审查会议纪要，项目单位督促可行性研究报告编制单位对报告进行修改和完善，落实会议纪要有关要求。报告修订完成后应及时印装。

（4）政府能源主管部门组织审查。项目单位将可行性研究报告送达省级能源主管部门，请示安排项目评审会。一般情况下，出席会议的应有特聘专家，项目所在省、市、县级能源主管部门及省级相关行业主管部门的领导和管理人员，包括发展改革、国土资源、水利水保、环境保护、电网、交通、地震等相关部门人员。

评审会主要议程为：

1）项目单位介绍项目基本情况。

2）设计单位介绍可行性研究报告内容。

3）评审专家提问，设计单位、项目单位答疑。

4）分组讨论。

5）汇总分组讨论意见，评审专家组召开会议。

6）与会者集体讨论，形成审查意见。

7）能源主管部门领导总结讲话。

（5）可行性研究报告收口。根据可行性研究报告审查会议纪要，编制单位对可行性研究报告进行修改和完善，完成可行性研究报告收口工作。

可行性研究报告收口工作完成后，标志着项目建设条件已经落实，项目进入申报核准阶段。

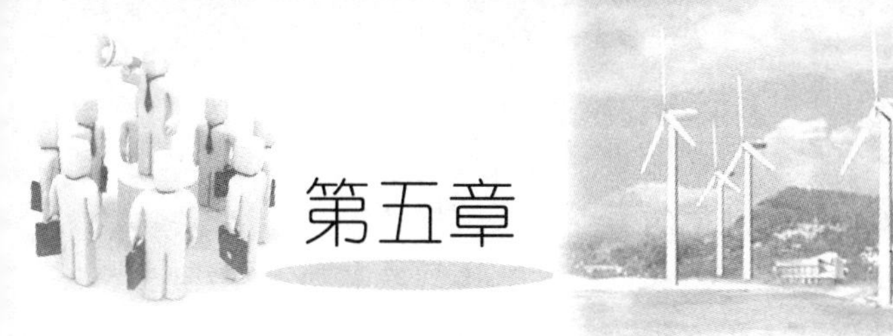

第五章

申请项目核准

风电场项目核准前，应完成项目申请报告编制工作。项目申请报告在可行性研究报告的基础上编写，报告中应附带项目核准所需的全部支持性文件。项目单位、基层能源主管部门应按要求逐级上报项目申请报告，申请项目核准。

一、项目申请报告

项目申请核准需同时上报项目申请报告。编写项目申请报告，应参照国家发展改革委颁布的《项目申请报告通用文本》，根据政府公共管理的要求，对拟建项目从规划布局、产业政策、资源利用、征地移民、生态环境、工程技术、经济和社会效益等方面进行综合论证，为项目核准提供依据。同时，报告中应阐述项目的外部性、公共性等事项，包括维护经济安全、合理开发利用资源、保护生态环境、优化重大布局、保障公众利益等内容。

二、申请项目核准

根据国务院规定的项目投资管理权限，装机容量5万千瓦以下的风电场项目由省级投资主管部门核准，5万千瓦及以上的风电场项目由国家投资主管部门核准。因此，项目单位应按核准要求将项目申请报告上报项目所在地能源主管部门，由项目所在地能源主管部门逐级上报项目申请报告。项目单位属于中央企业的，所属集团需同时向国家投资主管部门报送项目核准申请。办理项目核准还应附有下列支持性文件：

（1）项目列入全国或所在省（区、市）风电场工程建设规划及年度开发计划的依据文件。

（2）项目开发前期工作批复文件，或项目特许权协议，或特许权项目中标通知书。

（3）项目可行性研究报告及其技术审查意见。

（4）国土资源主管部门出具的关于项目用地预审意见。

（5）环境保护主管部门出具的项目环境影响评价批复意见。

（6）安全生产监督管理部门出具的风电场工程安全预评价报告备案函。

（7）电网企业出具的关于风电场接入电网运行的意见，或者省级以上政府能源主管部门关于项目接入电网的协调意见。

（8）金融机构同意给予项目融资贷款的文件。

（9）根据有关法律法规应提交的其它文件。

省级或国家投资主管部门对上报的项目申请报告进行审核后，对符合产业发展规划和满足建设条件的项目，按项目核准权限向申请企业或下一级投资主管部门下达项目核准批复文件（参见附录二十四）。

根据国家发展改革委关于风电项目建设投资管理规定，项目取得核准批复文件后，方能开工建设。项目核准文件有效期为 2 年。项目在核准文件有效期内未开工建设且未获准延期，核准文件自动失效。风电场项目的开工以第一台风电机组基础施工为标志。

海 上 风 电

海上风电场是指在沿海多年平均大潮高潮线以下海域开发建设的风电场。根据国家能源局 2009 年印发的《海上风电场工程规划工作大纲》，海上风电场分为 3 类，即滩涂风电场、近海风电场和深海风电场。其中，滩涂风电场包括潮间带和潮下带，指在沿海多年平均大潮高潮线以下至理论最低潮位以下 5 米水深海域开发的风电场；近海风电场指在理论最低潮位以下 5～50 米水深的海域开发建设的风电场；深海风电场指大于理论最低潮位以下 50 米水深的海域开发建设的风电场。此外，近海风电场和深海风电场还包括在上述定义的相应开发海域内无居民的海岛和海礁上开发建设的风电场。

海上风电项目前期工作主要包括海上风电规划、申请项目开发权、申请项目核准 3 个阶段。

一、海上风电规划

海上风电规划由国家能源主管部门统一管理和部署，由沿海各省级能源主管部门组织具有国家规定资质的设计咨询单位，按照规范要求编制本省所管理海域内的海上风电发展规划，再由国家能源主管部门组织海上风电技术归口管理部门，在沿海各省区域海上风电发展规划的基础上，编制出全国海上风电发展规划。海上风电规划所做的工作主要包括海上风电场选址、收集资料、实地勘察、海上风电场规划报告编制，以及用海预审、环境影响评价和电网接入等专题报告的编制。

（一）海上风电场选址

海上风电场选址是按照海上风电场项目接入系统、海洋区划、海上交通、海底矿藏、渔业资源等建设要求进行资料收集、分析，最终确定风电场场址的工作。一般有以下步骤：

（1）了解国家海上风电开发规划，确定开发意向，初步选择开发海域。

（2）向当地政府能源主管部门申请开展海上风电场项目选址工作。

（3）当地政府能源主管部门同意后，开展海上风电场选址资料收集工作。

（4）当地政府相关部门、专业机构等有关人员对风场进行实地勘察，初步了解项目情况。

（5）由专业机构编制海上风电场选址报告，对海上风电场项目的开发提出建议。

（二）海上风电场选址需收集的资料

海上风电场选址需收集的资料详见表 6-1。

表 6-1 海上风电场选址需收集的资料

序号	资料名称	主要内容	收资单位
1	地形图	相关海域 1∶50 000 和 1∶150 000 以上海底地形图	市/县海洋局（国土局）
2	电力系统规划文件（含报告和电网接线图）	地区或城市电力系统概况及发展规划	市电力公司
3	气象资料	风场区域常规气象和长期测站风向、风速等	市/县气象局
4	海洋功能区划报告（含功能划分图）	风场附近海洋功能分区	市/县海洋局
5	海上交通运输及构筑物分布	航道、锚地、禁航区等现状及规划，场址区域附近船只类型和航行路线等	市/县海事局

续表

序号	资料名称	主要内容	收资单位
6	地方志	地方志	市/县发展改革委（局）
7	矿藏分布	风场区域附近矿藏分布情况	市/县国土局
8	海洋自然保护区	风场区域自然保护区分布情况	市/县环保局
9	环境敏感点、水源地等生态分布图	国家保护物种（动植物）栖息、繁殖、迁徙地	市/县环保局
10	渔业资源分布及养殖、捕捞作业区域	风场区域分布情况	市/县渔业管理局
11	海缆管道分布	海底电缆和管道工程等分布情况	市/县水利（务）局
12	军事设施分布	风场区域军事用海管理区范围	市/县军分区（人民武装部）
13	旅游保护范围资料	风场区域旅游保护资料及规划	市/县旅游局
14	市/县建设规划	明确市/县建设总体规划	市/县规划局
15	文物景区证明	项目所在区域及其附近现存文物资料、景区建设资料	市/县文物局
16	区域海上风电场规划报告	区域海上风电场发展规划	省/市/县发展改革委（局）

（三）实地勘察

1. 区域海上风能资源

（1）收集、分析当地气象数据，向当地气象专家咨询。

（2）观察邻近海岸植被倾伏状况。

（3）向当地渔业居民了解海上风力情况。

（4）现场多时段人工测风。

2. 接入变电站

对拟接入的变电站进行考察，研究其主变压器容量、间隔设置、送出线路容量、当地最大负荷等。

3. 渔业资源

向渔业主管部门了解渔业资源情况。海上风电场应避开近海人工养殖区域和捕捞作业区域。

4. 海上交通

现场勘察海上风电场场址附近是否有航道、锚地、禁航区等，应避开船只航行或出入海港路径。

5. 军事、文物、其它保护区

现场观察了解海上风电场区域是否存在军事设施、文物古迹、自然保护区或旅游景区等。

（四）海上风电场规划报告编制

沿海各省级能源主管部门组织具有国家规定资质的设计咨询单位按照规范要求，负责完成本省所管理海域内的海上风电场规划报告编制工作。沿海各省区域海上风电规划报告编制完成后，技术归口管理单位负责对沿海各省区域海上风电发展规划进行技术审查。之后，设计咨询单位根据审查意见对报告相关内容进行补充完善。最后，由国家能源主管部门组织海上风电技术归口管理部门，在沿海各省区域海上风电发展规划的基础上，编制全国海上风电发展规划。

（五）其他专题

各省级海洋行政主管部门对海上风电规划提出用海初审意见和环境影响评价初步意见后，由国家海洋行政主管部门组织沿海各省级海洋主管部门，根据全国和沿海各省区域海洋功能区划、海洋经济发展规划，对海上风电规划用海和环境影响评价进行初步审查。

与此同时，国家能源主管部门还要组织沿海各省级能源主管部门和电网企业编制海上风电工程配套电网工程规划，落实电网接入方案和市场消纳方案。

二、申请项目开发权

国家能源主管部门负责海上风电场项目开发权的授予。项目开发单位在各省级能源主管部门的组织下，积极开展海上测风、地质勘察、项目开发申请报告编制等前期工作。海上风电项目开发权获取工作分述如下。

（一）海上测风

项目开发单位按照海上风电规划，委托专业机构选择测风点、安装测风设备并开始收集测风数据。测风数据收集、风能资源评估工作技术要求与陆上风电一致，按照《风电场风能资源测量和评估技术规定》规范执行。在测风期间，项目开发单位应完成海洋水文观测与评价、风电场海图测量、工程地质勘察及项目开发申请报告编制，完成建设用海报告编制及初步审查、海洋影响初步评价报告编制及审查。

（二）项目开发申请报告

（1）项目开发单位编制海上风电项目开发方案及项目开发申请报告，并报请省级能源主管部门组织审查。

（2）国家能源主管部门根据省级能源主管部门的海上风电项目开发申请，组织技术审查并论证工程建设条件后，确定是否同意开发。

（3）项目开发申请报告主要包括以下内容：

1）风能资源测量和评估、海洋水文观测与评价、风电场海图测量、工程地质勘察及工程建设条件。

2）项目开发任务、工程规模、工程方案和电网接入方案。

3）建设用海初步审查，海洋影响初步评价。

4）经济和社会效益初步分析评价。

（三）招投标

国家对海上风电场项目优先以招标方式确定开发投资企

业，招标由国家能源主管部门组织。项目前期工作单位在协助省级能源主管部门完成项目开发申请报告上报后，应积极准备参加国家能源主管部门组织的项目招标。项目投标单位应完成以下主要工作：

（1）与省级和国家能源主管部门保持密切联系，了解最新海上风电项目公开招标政策要求，及时掌握招标公告信息。

（2）成立投标工作组，负责投标标书编制、有关资料收集及其它招标相关事务。

1）需收集的有关资料主要有公司资质、业绩、营业执照、技术认证证书、银行资信证明、公司信誉证明文件等。

2）标书一般主要包括商务和技术两部分。应详细介绍项目工程方案、企业技术能力和经营业绩，并对上网电价进行承诺。

3）标书编制完成后应通过项目开发单位及其上级部门的审核。

（3）按照招标公告要求，将标书送达招标代理公司，并缴纳投标保证金。

（4）项目开发单位投标工作组参加开标，及时配合招标代理公司完成投标资料补充、澄清等工作。

（5）跟踪中标通知下达情况。

（四）项目授予

项目中标后，项目单位与招标人签订项目特许权协议。此协议的签订即表明中标单位已取得该海上风电项目开发权。

对于开展了海上风电项目前期工作而最终未中标的项目开发单位，可按照省级能源主管部门核定的前期工作费用标准，接受中标企业给予的经济补偿。

三、申请项目核准

项目开发单位取得开发权后，应按海上风电工程项目前期工作的要求落实工程方案和建设条件，编写项目申请报告，办理项目核准所需的支持性文件，与招标单位签订项目特许权协议，并与当地省级电网企业签订并网和购售电协议。项目所在地省级能源主管部门对项目申请报告初审后，申报国家投资主管部门核准。

（一）可行性研究报告

1. 可行性研究报告编制

项目可行性研究报告应委托具备甲级资质的设计单位编制，编制时应严格按照《海上风电场工程可行性研究报告编制办法（试行）》执行，具体编制流程可参照陆上风电场项目。

2. 可行性研究报告审查

可行性研究报告编制完成后，应报请省级能源主管部门进行评审，其评审步骤及相关工作可参照陆上风电场项目。省级能源主管部门应根据评审结论，出具项目可行性研究报告审查意见。

3. 项目申请报告

可行性研究报告编制完成后，应及时开展项目申请报告的编制工作，并将已取得的核准所需支持性文件作为项目申请报告的附件。

（二）支持性文件

项目单位在上报项目申请报告时，应附有下列支持性文件：

1. 项目列入全国或地方规划的依据文件

项目单位提交项目列入全国或地方海上风电项目规划。提交的规划应遵循“就高”原则。

2. 项目开发授权文件或项目特许权协议

项目单位提交国家能源主管部门下发的项目开发权授予文件或项目特许权协议。

3. 项目可行性研究报告及技术审查意见

项目单位提交经省级能源主管部门组织审查，并按审查意见修改完善的可行性研究报告及技术审查意见。

4. 项目用海预审文件

项目用海预审文件需取得国家海洋行政主管部门批复，具体流程为：

(1) 编制项目海域使用申请报告。项目单位委托具有相关资质的咨询单位完成项目海域使用申请报告的编制。报告内容主要包括项目基本情况、拟用海选址情况、拟用海的规模及用海类型。

(2) 上报申请文件。项目单位向国家海洋行政主管部门提交海域使用申请文件，并提交相关材料：

1) 海域使用申请报告。

2) 海域使用申请书（一式5份）。

3) 资信证明材料。

4) 如存在利益相关，应提交解决方案或协议。

(3) 审查。国家海洋行政主管部门收到符合要求的用海申请材料后组织初审。初审通过后，国家海洋行政主管部门通知项目单位开展海域使用论证评审。

(4) 项目用海预审意见。海域使用论证评审通过后，国家海洋行政主管部门出具项目用海预审意见。

(5) 办理海域使用权。海上风电场项目经核准后，项目单位应及时将项目核准文件提交国家海洋行政主管部门。国家海洋行政主管部门依法审核并办理海域使用权报批手续。

5. 环境影响评价报告批复文件

(1) 项目单位委托具有国家规定资质的咨询单位，按照《海洋环境保护法》、《防治海洋工程建设项目污染损害海洋环境管理条例》及相关技术标准要求，编制海上风电项目环境影响报告书，报国家海洋行政主管部门审批。

(2) 海上风电项目建设环境影响报告书应委托有相应资质的单位编制。项目单位在项目申请核准前，需取得国家海洋行政主管部门出具的建设项目环境影响报告书的批复文件。

6. 项目接入电网的承诺文件

项目单位应按国家电网企业关于风电项目接入电网管理规定的要求办理接入电网手续。海上风电项目在取得省级电网企业接入电网承诺文件前，应与省级电网企业签订并网协议和购售电协议。

7. 通航安全审查批复意见

项目单位应委托具有国家规定资质的单位开展通航安全评估论证，编制项目通航安全评估论证报告，由项目管辖区海事主管部门审查通过后出具通航安全审查批复意见。

8. 安全预评价备案函

项目单位应委托具有国家规定资质的单位开展安全预评价设计，编制安全预评价报告，取得国家安全生产监督管理部门的备案函。

9. 金融机构同意给予项目贷款融资的承诺文件

项目单位应取得省级以上金融机构出具的同意给予项目贷款融资的承诺文件。

10. 根据有关法律法规应提交的其它文件

(三) 申请项目核准

项目单位将项目申请报告连同上述支持性文件上报省级能源主管部门申请项目核准。省级能源主管部门对项目申请报告初审后，报请国家投资主管部门核准。国家投资主管部门审查通过后，向省级投资主管部门下达项目核准批复文件（参见附录二十五）。

项目建设单位应在核准后及时将项目核准文件提交国家海洋主管部门依法审核并办理海域使用权报批手续。项目建设单位还应按照《铺设海底电缆管道管理规定》及相关规定办理电缆铺设施工许可审批等手续。

项目建设单位在取得海域使用权后方可开工建设。如在项目核准后2年内未开工建设，国家能源主管部门将收回项目开发权，国家海洋主管部门也将收回海域使用权。海上风电场项目的开工以第一台风电机组基础施工为标志。

第七章

清洁发展机制（CDM）

比较各类发电项目，风电是最容易成功申请 CDM 注册并获得核证减排量的项目类型。风电 CDM 项目的成功开发将给风电项目本身带来一项补充收益，从而有效提高项目的经济竞争力，增强项目的抗风险能力。因此，在风电项目管理工作中，积极开展与其相应的 CDM 项目开发工作也是必不可少的。

一、CDM 基本概念

CDM 是清洁发展机制（Clean Development Mechanism）的简称。1997 年在日本京都召开的《联合国气候变化框架公约》第三次缔约方大会通过国际性公约《京都议定书》，根据《京都议定书》的规定，清洁发展机制是发达国家缔约方（附件Ⅰ国家）为实现其部分温室气体减排义务与发展中国家缔约方（非附件Ⅰ国家）进行项目合作的机制，是《京都议定书》建立的旨在减排温室气体的 3 个灵活履约机制之一。

《京都议定书》于 2005 年 2 月 16 日正式生效，其目的是通过参与 CDM 项目合作，发达国家可以获得项目产生的经核证的减排量，并用于履行其在议定书下的温室气体减排义务。发展中国家则可以获得额外的资金或先进的环境友好技术，从而促进本国的可持续发展。因此，CDM 是一种“双赢”的机制。《京都议定书》为发达国家规定了在第一承诺期（2008～2012 年）内温室气体减排的量化指标，目标是 2008～2012 年工业化温室气体排放总量在1990年的基础上平均减少5.2%，没有为发展中国家规定量化的减排指标和义务。

二、CDM项目开发步骤和实施流程

一般而言，一个典型的CDM项目从开始准备到最终获得核证减排量，需要经过以下主要的阶段：

（一）项目识别（Identification）

项目识别是CDM项目开发和实施的第一步。在这一阶段，附件Ⅰ缔约方的私人或者公共实体与非附件Ⅰ缔约方的相关实体进行接触，探讨可能的CDM合作并进行项目选择。相关的实体应就项目的技术选择、规模和资金安排等重要问题达成一致。

这一阶段属于CDM项目的概念设计阶段。项目的类型、规模等选择将对项目实施过程中适用的规则和程序、项目的交易成本、项目能否顺利注册、实施并获得减排量等产生重要影响。

（二）项目设计（Design）

在确定要开发的潜在CDM项目后，项目开发者需要完成项目设计文件（PDD）。PDD的编制标准根据其所属的行业、领域由CDM执行理事会（EB）批准的方法要求进行编制。

除了EB的要求外，参与项目的缔约方政府也可能对CDM项目有一些额外的要求。项目开发者需要对此予以高度重视，并提供明确的相关信息。这些工作对于相关政府快速批准项目是非常关键的。

（三）项目批准（Letter of Approval）

所谓批准是指必须由参加该项目的每个缔约方国家CDM主管机构出具对该项目的批准信。根据我国政府颁布的《清洁发展机制项目运行管理办法》，国家发展改革委是我国的国家CDM主管机构，并代表中国政府出具项目的批准书。

前一个阶段编制的PDD等技术文件的质量优劣，对于项目能否顺利获得批准具有重要影响。

（四）项目审定（Validation）

相关的技术准备工作完成后，项目参与者应该选择合适的经联合国指定的第三方经营实体（DOE）并与之签约，委托DOE进行CDM项目审定。

一个项目只有通过DOE的审定，才能确认其为CDM项目。

（五）项目注册（Registration）

如果签约的DOE认为一个建议的项目符合CDM项目的审定要求，就会以审定报告的形式向联合国EB提出项目注册申请。同时，该DOE还将该审定报告公之于众。

审定报告中需要包含PDD，东道国的书面批准文件以及对公众意见的处理情况等。在联合国EB收到注册请求之日起8周内，如果没有EB的3个或3个以上的理事和参与项目的缔约方提出重新审查的要求，项目则自动通过并注册。如果该项目被CDM执行理事会驳回，企业可以修改，修改后可重新提出申请。

一旦CDM项目通过了联合国EB的注册，项目就可以产生减排量。

（六）项目实施、监测与报告（Monitoring and Reporting）

这一阶段的主要工作是：项目建议者严格依据经过注册的PDD中的监测计划，对项目的实施活动进行监测，并向负责核查与核证项目减排量的DOE报告监测结果。一般情况下，进行项目审定和减排量核查核证的DOE不能为同一家，但小规模CDM项目（6万吨CO_2以下）可以申请同一家DOE进行审定、核查和核证。这个阶段的工作主要由项目参与者负责，并接受DOE的监督和检查。

（七）减排量的核查与核证（Verification and Certification）

实施了监测计划并提交了监测报告以后，CDM项目就进入了减排量的核查与核证阶段。核查是指由DOE负责、对注册的CDM项目减排量进行周期性审查和确定的过程。根据核查的监测数据、计算程序和方法，可以计算CDM项目的核证减排量（CERs）。核证是指由DOE出具书面报告，证明在一个周期内，项目取得了CERs，根据核查报告，DOE出具一份书面的核证报告。如果DOE认为监测方法正确，而且项目的文档完备且透明，它就可以向项目的参与方、相关缔约方和EB提交核证报告。核证报告需要向公众公开。

（八）核证减排量（CERs）的签发

DOE提交给EB的核证报告实际上就是一个申请书，请求签发与核查减排量相等的CERs。在EB收到签发请求之日起15天之内，参与项目的缔约方或至少3个EB的成员没有提出对CERs签发申请进行审查，则可以认为签发CERs的申请自动获得批准。CDM项目合作附件Ⅰ缔约方即可根据合作协议（交易合同）向项目业主支付CERs收益。如果缔约方或者3个以上的EB成员提出了审查要求，则需要对核证报告进行审查。在收到了审查要求的情况下，EB会在下一次会议上确定是否进行审查。如果决定进行审查，审查内容仅局限在指定经营实体是否有欺骗、渎职行为及其资质问题。审查应在确定审查之日起30天之内完成。

至此，一个典型CDM项目从识别、设计、批准、审定、注册、核查与核证到签发CERs的整个周期结束。

CDM项目开发步骤如图7-1所示。

CDM项目工作流程如图7-2所示。

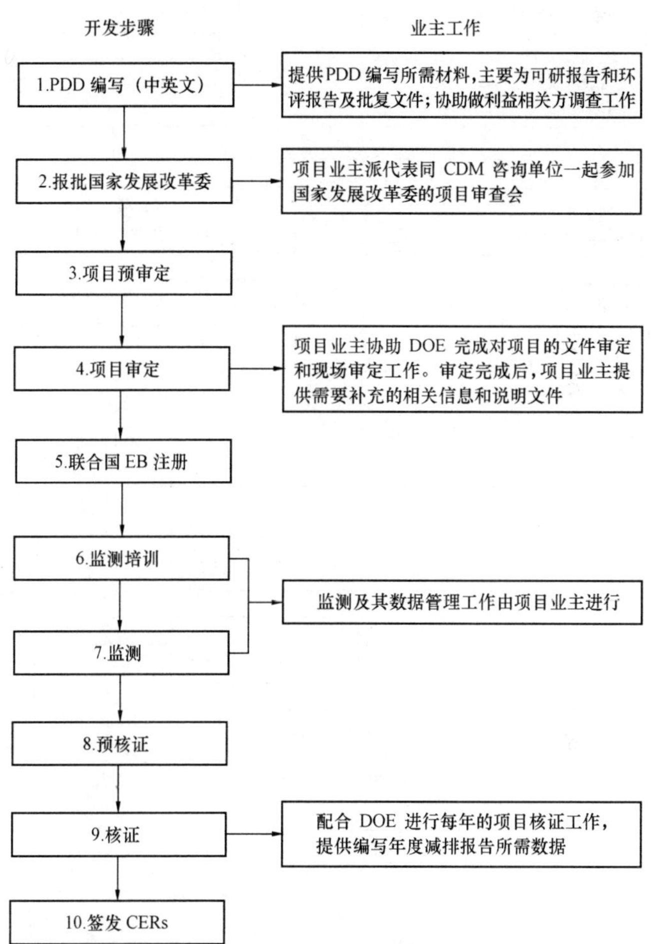

图 7-1　CDM 项目开发步骤

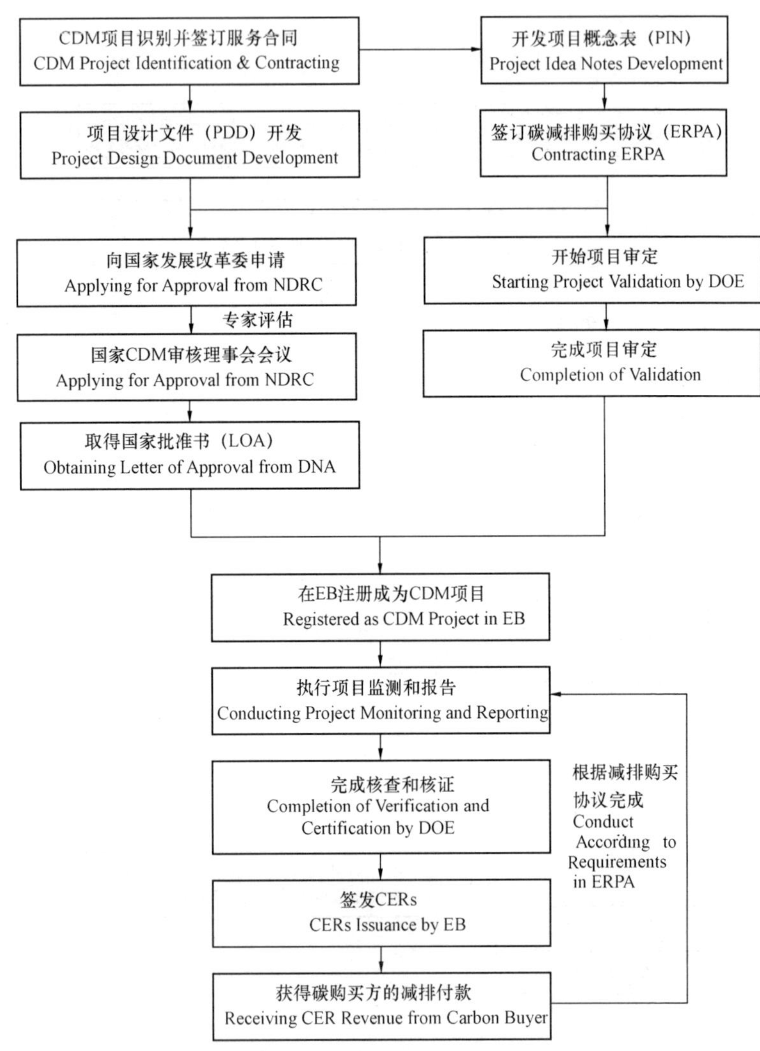

图 7-2　CDM 项目工作流程

三、我国实施 CDM 基本情况

我国是 CDM 潜力最大的国家之一，有研究表明我国 CDM 潜力将占全球总潜力的35%～36%。我国于2002年8月批准了《京都议定书》，2005年10月12日发布了《清洁发展机制项目运行管理办法》，并开始正式实施。我国政府已经确定，在我国开展 CDM 项目的重点领域以提高能源效率、开发利用新能源和可再生能源，以及回收利用甲烷和煤层气为主。

四、电源项目 CO_2 排放计算方法简介

项目排放量(吨 CO_2)＝项目上网电量(兆瓦时)×排放因子(吨 CO_2/兆瓦时)

表 7-1 所列为全国各大电网运行边际排放因子。

表 7-1　全国各大电网运行边际排放因子　吨 CO_2/兆瓦时

电网区域	排放因子	电网区域	排放因子
华北区域电网	1.058 5	西北区域电网	1.035 9
东北区域电网	1.198 3	南方区域电网	0.985 3
华东区域电网	0.941 1	海南省电网	0.934 9
华中区域电网	1.252 6		

因此，风电场项目每发电 1 千瓦时，可带来减排量大约 0.9 千克二氧化碳当量，若按照每吨二氧化碳 10 欧元的价格计算，可带来 0.09～0.10 元人民币的额外收益。

五、CDM 项目额外性要求

额外性是 CDM 项目的必要条件，一个项目能否注册成 CDM 项目，关键在于项目是否具备额外性。

（一）额外性含义

CDM 项目活动所产生的减排量相对于基准线是额外的，

即这种项目活动在没有外来的 CDM 支持下，存在诸如财务、技术、融资、风险和人才方面的竞争劣势或障碍因素，靠国内条件难以实现，因而该项目的减排量在没有 CDM 时就难以产生。反之，如果某项目活动在没有 CDM 的情况下能够正常商业运行，那么它自己就成为基准线的组成部分，则相对该基准线就无减排量可言，也无减排量的额外性可言。

（二）为什么要求额外性

CDM 项目合作对发达国家而言，本质上只是换个地方实现低成本减排，而发展中国家在自己的经济和科技发展进程中也在不断实现减排，这和 CDM 减排无关。那么，发达国家就必须在发展中国家自身减排的基础上，通过 CDM 项目活动取得额外的减排量，才有资格将其作为抵消额顶替国内高成本的减排量，这样才能符合公约附件 I 缔约方履行减排义务的目的，确保 CDM 的全球环境效益完整性，达到实质性减排。也就是说，一个发达国家和一个发展中国家进行 CDM 减排量交易前的排放量之和应当与交易后的相等，此长彼消，总量不增，但减排总成本却下降了。

附录一　相关法律法规和工作依据目录

一、关于风电前期工作管理办法和技术法规

1.《风电开发建设管理暂行办法》

国能新能〔2011〕285号，2011年8月25日

2.《海上风电开发建设管理暂行办法》

国能新能〔2010〕29号，2010年1月22日

3.《海上风电开发建设管理暂行办法实施细则》

国能新能〔2011〕210号，2011年7月6日

4.《风电场工程前期工作管理暂行办法》

发改办能源〔2005〕899号，2005年5月9日

5.《风电特许权项目前期工作管理办法》

发改能源〔2003〕1403号，2003年9月30日

6.《风电场工程建设用地和环境保护管理暂行办法》

发改能源〔2005〕1511号，2005年8月9日

7.《风电场风能资源测量方法》

GB/T 18709—2002，2002年4月28日

8.《风电场风能资源评估方法》

GB/T 18710—2002，2002年4月28日

9.《全国风能资源评价技术规定》

发改能源〔2004〕865号，2004年5月14日

10.《风电场工程规划报告编制办法》

发改办能源〔2005〕899号，2005年5月9日

11.《风电场预可行性研究报告编制办法》

发改能源〔2003〕1403号，2003年9月30日

12.《风电场场址选择技术规定》

发改能源〔2003〕1403号，2003年9月30日

13.《风电场风能资源测量和评估技术规定》

发改能源〔2003〕1403号，2003年9月30日

14.《风电场场址工程地质勘察技术规定》

发改能源〔2003〕1403号，2003年9月30日

15.《风电场工程投资估算编制办法》

发改能源〔2003〕1403号，2003年9月30日

16.《风电场工程可行性研究报告编制办法》

发改办能源〔2005〕899号，2005年5月9日

17.《风电场工程可行性研究报告设计概算编制办法及计算标准》(2007年版)

风电标委〔2007〕0001号，2007年9月7日

18.《风电场工程概算定额》(2007年版)

风电标委〔2007〕0001号，2007年9月7日

19.《风电场工程安全预评价报告编制规定》

水电规安办〔2007〕0006号，2007年5月10日

20.《海上风电场工程规划工作大纲》

国能新能〔2009〕130号，2009年4月22日

21.《近海风电场工程规划报告编制办法（试行)》

风电标委〔2008〕1号，2008年6月27日

22.《近海风电场工程预可行性研究报告编制办法（试行)》

风电标委〔2008〕2号，2008年6月27日

23.《海上风电场工程可行性研究报告编制办法（试行)》

风电标委〔2009〕5号，2009年12月17日

24.《风力发电机组技术规范》

中国船级社，2008年6月1日（生效）

25.《风电功率预测预报考核办法（试行）》

国能新能〔2012〕208号，2012年7月19日

26.《风电信息管理暂行办法》

国能新能〔2011〕136号，2011年5月3日

27.《清洁发展机制项目运行管理办法》

中华人民共和国国家发展和改革委员会、科学技术部、外交部、财政部令　第37号，2005年10月12日

二、关于土地规划的法律法规

1.《中华人民共和国城乡规划法》

中华人民共和国主席令　第74号，2007年10月28日

2.《建设项目选址规划管理办法》

建规〔1991〕583号，1991年8月23日

3.《建设用地审查报批管理办法》

中华人民共和国国土资源部令　第3号，1999年3月2日

4.《建设项目用地预审管理办法》

中华人民共和国国土资源部令　第42号，2008年11月29日

5.《关于完善征地补偿安置制度的指导意见》

国土资发〔2004〕238号，2004年11月3日

三、关于城乡规划的法律法规

1.《中华人民共和国城乡规划法》

中华人民共和国主席令　第74号，2007年10月28日

2.《建设项目选址规划管理办法》

建规〔1991〕583号，1991年8月23日

四、关于环境保护的法律法规

1.《中华人民共和国环境影响评价法》

中华人民共和国主席令　第77号，2002年10月28日

2.《建设项目环境保护管理条例》

中华人民共和国国务院令　第253号，1998年11月29日

3.《关于加强建设项目环境影响评价分级审批的通知》

环发〔2004〕164号，2004年12月2日

4.《关于简化建设项目环境影响评价报批程序的通知》

环办〔2004〕65号，2004年7月19日

5.《环境影响评价技术导则》

中华人民共和国环境保护部，1993年9月18日

6.《关于进一步规范环境影响评价工作的通知》

环办〔2002〕88号，2002年8月12日

7.《建设项目环境影响评价分类管理名录》

中华人民共和国环境保护部令　第2号，2008年9月2日

五、关于取水的法律法规

1.《取水许可制度实施办法》

中华人民共和国国务院令　第119号，1993年8月1日

2.《取水许可申请审批程序规定》

中华人民共和国水利部令　第4号，1994年6月9日

3.《关于建设项目办理取水许可预申请的通知》

水政资〔1997〕83号，1997年3月14日

4.《建设项目水资源论证管理办法》

中华人民共和国水利部、国家发展计划委员会令　第15号，2002年3月24日

5.《建设项目水资源论证报告书审查工作管理规定（试行）》

水资源〔2003〕311号，2003年7月16日

六、关于文物保护的法律法规

《中华人民共和国文物保护法（修订）》

中华人民共和国主席令　第76号，2002年10月28日

七、关于压覆矿床的法律法规

1.《中华人民共和国矿产资源法（修正）》

中华人民共和国主席令　第74号，1996年8月29日

2.《中华人民共和国矿产资源法实施细则》

中华人民共和国国务院令　第152号，1994年3月26日

3.《关于规范建设项目压覆矿产资源审批工作的通知》

国土资发〔2000〕386号文件，2000年12月18日

4.《矿产资源登记统计管理办法》

中华人民共和国国土资源部令　第23号，2004年1月9日

八、关于土地预审的法律法规

1.《中华人民共和国土地管理法实施条例》

中华人民共和国国务院令　第256号，1998年12月27日

2.《建设项目用地预审管理办法》

中华人民共和国国土资源部令　第42号，2008年11月29日

3.《国务院关于深化改革严格土地管理的决定》

国发〔2004〕28号，2004年10月21日

九、关于地震安全的法律法规

1.《中华人民共和国防震减灾法（修订）》
中华人民共和国主席令　第7号，2008年12月27日
2.《地震安全性评价管理条例》
中华人民共和国国务院令　第323号，2001年11月15日

十、关于地质灾害的法律法规

1.《地质灾害防治条例》
中华人民共和国国务院令　第394号，2003年11月24日
2.《关于实行建设用地地质灾害危险性评估的通知》
国土资发〔1999〕392号，1999年11月1日
3.《地质灾害防治管理办法》
中华人民共和国国土资源部令　第4号，1999年3月2日

十一、关于水土保持的法律法规

1.《开发建设项目水土保持方案管理办法》
水保〔1994〕513号，1994年11月22日
2.《开发建设项目水土保持方案编报审批管理规定》
中华人民共和国水利部令　第5号，1995年5月30日
3.《关于开展水土保持方案审批情况公告的通知》
水保监便字〔2004〕26号，2004年8月2日
4.《水利部关于修改部分水利行政许可规章的决定》
中华人民共和国水利部令　第24号，2005年7月8日
5.《开发建设项目水土保持设施验收管理办法》
中华人民共和国水利部令　第16号，2002年10月14日

十二、关于电力系统的法规

1.《中华人民共和国电力法》

中华人民共和国主席令　第60号，1995年12月28日

2.《电力发展规划编制原则（试行）》

电计〔1997〕730号，1997年12月31日

3.《城市电力规划规范》

GB 50293—1999，1999年5月28日

4.《国家电网公司电网规划设计内容深度规定（试行）》

国家电网规〔2003〕312号，2003年8月12日

5.《国家电网公司大型电厂输电系统规划设计内容深度规定》

Q/GDW 271—2009，2009年6月15日

6.《国家电网公司电厂接入系统前期工作管理办法（修订版）》

国家电网公司〔2007〕243号，2007年4月4日

7.《国家电网公司风电场接入系统设计内容深度规定（修订版）》

国家电网发展〔2009〕327号，2009年4月14日

8.《风电机组并网检测管理暂行办法》

国能新能〔2010〕433号，2010年12月21日

9.《风电场接入电网技术规定》

Q/GDW 392—2009，2009年12月22日

十三、关于可再生能源的法规

1.《中华人民共和国可再生能源法》

中华人民共和国主席令　第33号，2005年2月28日

2.《可再生能源发电有关管理规定》

发改能源〔2006〕13号，2006年1月5日

3.《可再生能源发展专项资金管理暂行办法》

财建〔2006〕237号，2006年5月30日

4.《可再生能源发展基金征收使用管理暂行办法》

财综〔2011〕115号，2011年11月29日

十四、关于上网电价的法规

1.《上网电价管理暂行办法》

发改价格〔2005〕514号，2005年3月28日

2.《国家发展改革委关于完善风力发电上网电价政策的通知》

发改价格〔2009〕1906号，2009年7月20日

3.《可再生能源发电价格和费用分摊管理试行办法》

发改价格〔2006〕7号，2006年1月4日

4.《可再生能源电价附加收入调配暂行办法》

发改价格〔2007〕44号，2007年1月11日

5.《可再生能源电价附加资金补助项目审核确认管理暂行办法》

国能新能〔2012〕78号，2012年3月13日

6.《可再生能源电价附加补助资金管理暂行办法》

财建〔2012〕102号，2012年3月14日

十五、关于节能评估的法规

1.《中华人民共和国节约能源法》

中华人民共和国主席令　第77号，2007年10月28日

2.《固定资产投资项目节能评估和审查暂行办法》

中华人民共和国国家发展和改革委员会令　第6号，2010年9月17日

十六、关于贷款的法律法规

1.《中华人民共和国商业银行法》

中华人民共和国主席令　第13号，2003年12月27日

2.《贷款通则》

中国人民银行令　第2号，1996年6月28日

3.《国家发展改革委、中国银监会关于进一步改进固定资产投资项目落实银行贷款工作有关问题的通知》

发改投资〔2004〕1198号，2004年6月17日

十七、关于投资的法规

1.《国务院关于投资体制改革的决定》

国发〔2004〕20号，2004年7月26日

2.《电力工业引进外商投资建设火电项目经济评价实施细则》

电经〔1996〕635号，1996年9月22日

3.《电力工业利用存量资产与外商合营项目经济评价实施细则（试行）》

电经〔1996〕635号，1996年9月22日

十八、关于核准报告编制的规定

《项目申请报告通用文本》

发改投资〔2007〕1169号，2007年5月28日

附录二 风电标准体系框架

一、风电场规划设计

1. 信息监管

（1）国家风电信息管理办法

（2）国家风电信息管理技术规定

2. 风能资源测量与评价

（1）全国风能资源评价技术规定

（2）风电场风能资源测量和评价技术规定

（3）海上风电场风能资源测量和评价技术规定

3. 风电场工程规划

（1）风电场工程前期工作管理办法

（2）风电场工程规划报告编制规程

（3）近海风电场工程规划报告编制规程

4. 风电场工程预可行性研究

（1）风电场地址工程地质勘测技术规定

（2）风电场场址选择技术规定

（3）风电场工程预可行性研究研究报告编制规程

（4）近海风电场工程预可行性研究研究报告编制规程

5. 风电场工程可行性研究

（1）风电场工程可行性研究报告编制规程

（2）海上风电场风电场工程可行性研究报告编制规程

（3）风电场工程安全预评价报告编制规程

6. 风电场工程投资

（1）风电场项目经济评价导则

（2）风电场工程投资估算编制规定

(3) 风电场工程概算定额标准
(4) 风电场工程可行性研究报告设计概算编制规定
7. 风电场设计
(1) 风电场工程招标文件范本
(2) 风力发电机组招标文件范本
(3) 风电场微观选址技术规定
(4) 风电场环境保护和水土保持设计规定
(5) 风电机组地基基础设计规范
(6) 海上风电场防腐蚀技术规范
(7) 风电场工程电气设计规范
(8) 风力发电场建筑设计规范
(9) 风电场工程安全设计规范
(10) 风电场工程的防火设计规范
(11) 风电场工程建设用地指标计算标准
(12) 风电场标识系统与 KKS 编码系统

二、风电场施工与安装

1. 风电场施工
(1) 风电(场)工程施工组织设计规范
(2) 风电机组(场)地基与基础施工规范
(3) 风电场道路施工规范
(4) 风电场建设监理规范
(5) 风电场达标投产检验标准
(6) 海上风电场工程施工规范
(7) 风电工程安全文明施工规定
(8) 风电工程施工环境保护规定
(9) 风电场单元工程质量评定标准

2. 风电场安装
(1) 风电场塔筒设计制造及安装技术规定
(2) 风电场箱变安装技术要求标准
(3) 风电机组拆除作业技术导则
(4) 风电机组的调试与检测技术规定
3. 风电场工程验收
(1) 风电场工程安全验收管理办法
(2) 风电场工程竣工验收管理办法
(3) 风电场工程后评估技术导则
(4) 风电场工程安全验收评价报告编制规程

三、风电场运行维护管理

1. 风电场运行
(1) 风电场运行指标与评价
(2) 风力发电场运行规程
(3) 风力发电场高空作业安全规程
(4) 风电场防雷接地技术规程
(5) 风电场安全规程
(6) 海上风电场安全规程
2. 风电场维护
(1) 风力发电场检修规程
(2) 风电场维护总体要求
(3) 海上风电场运行维护要求
(4) 电气设备检修规程
(5) 海上风电场输变电维护规程
(6) 储能电池维护规程
3. 风电场管理
(1) 风力发电场总监控系统

（2）风力发电场监控系统通信规范

（3）风电场监控系统通讯—信息模型

（4）风电场监控系统通讯—信息交换模型

（5）风电场监控系统通讯—面向通讯协议的映射

（6）风电场监控系统通讯——致性测试

（7）风电场监控系统通讯－用于条件监测的逻辑节点类和数据类

（8）风电场电能质量技术监督规程

（9）风电场无功配置及电压技术规定

（10）风电场测量技术监督规程

（11）风电场变频、变流与控制系统技术监督规程

（12）风电机组叶轮系统技术监督规程

（13）风电机组设备监造导则

（14）风电企业远程监测信息系统技术规程

（15）风电场设备润滑技术监督规程

（16）风力发电机组功率曲线验证技术规程

四、风电并网管理技术

1. 风电场接入电网

（1）大型风电场接入电力系统技术规定

（2）大型风电场接入电力系统设计内容深度

（3）风电场接入电力系统设计规定

（4）风电场并网管理规定

（5）风电场接入电力系统技术规定

（6）电力系统接纳风电能力评估标准

2. 风电运行调度管理

（1）风力发电场功率超前预报技术

（2）风力发电功率预测技术标准

（3）风电调度管理
（4）风电场并网运行监控技术规定
（5）电量全额收购监管标准
3. 风电入网检测
（1）风电场并网导则符合性测试与评估
（2）风电机组低电压穿越能力测试
（3）风电场低电压穿越验证
（4）风电机组入网检测

五、风力机械设备

1. 风力发电机组基础
（1）电工术语　风力发电机组
（2）风力发电机组　通用技术条件与试验方法
2. 小型风力发电机组
（1）小型风力发电机组　安全要求
（2）小型风力机设计通用要求
3. 风力发电机组通用
（1）风力发电机组　设计要求
（2）风力发电机组　功率特性试验
（3）风力发电机组　验收规范
（4）风力发电机组电能质量测量和评估方法
（5）风力发电机组装配和安装规范
（6）失速型风力发电机组
（7）双馈式变速恒频风力发电机组
（8）风力发电机组　噪声测试方法
（9）风力发电机组　合格认证 规则及程序
（10）风力发电机组　运行及维护要求
（11）风力发电机组　系列型谱

（12）并网型风力发电机组　机械负载测量
（13）风力发电机组　标定视在声功率级和音值
（14）海上风力发电机组　设计要求
（15）直驱永磁风力发电机组
（16）风力发电机组　防雷保护

4. 风力发电机组　系统及零部件

（1）风力发电机组　齿轮箱
（2）风力发电机组　塔架
（3）风力发电机组　风轮叶片
（4）风力发电机组　风轮叶片全尺寸结构试验
（5）风力发电机组一般液压系统
（6）风力发电机组偏航系统
（7）风力发电机组制动系统
（8）风力发电机组　球墨铸铁
（9）风力发电机组　环形锻件
（10）风力发电机组　变桨距装置
（11）风力发电机组　高速轴液压钳盘式制动器
（12）风力发电机组　偏航液压钳盘式制动器
（13）风力发电机组　紧固件
（14）风力发电机组　轴承

5. 离网型风力发电机组

（1）风力机械　产品型号编制规则
（2）离网型风力发电机组技术条件和试验方法
（3）离网型风力发电机组　风洞试验方法
（4）离网型风力发电机组　安装规范
（5）离网型风力发电机组　可靠性要求
（6）离网型风力发电机组　验收规范
（7）离网型风力发电机组　基础与联接　技术条件

(8) 离网型户用风光互补发电系统
(9) 离网型风力发电机组用发电机
(10) 离网型风能、太阳能发电系统用逆变器
(11) 离网型风力发电机组用控制器
(12) 离网型风力发电机组　风轮叶片
(13) 离网型风力发电机组用齿轮箱
(14) 离网型风力发电机组　制动系统
(15) 离网型风力发电机组　偏航系统
(16) 离网型风力发电机组　塔架
(17) 离网型风力发电机组　售后技术服务规范
(18) 离网型风力发电集中供电系统　运行管理规范

六、风电电器设备

1. 风电电器设备基础
(1) 风电电器设备　基本术语
(2) 风力发电机线圈绝缘材料
(3) 风力发电机匝间绝缘材料
(4) 风力发电设备　表面涂装技术
(5) 风力发电设备　表面防腐及耐候性
(6) 风力发电设备　环境通用要求
(7) 风力发电设备　安全通用要求
(8) 低温型风力发电设备环境要求
(9) 抗台风风力发电设备环境要求
(10) 干热沙漠风力发电设备环境要求
(11) 高原用风力发电设备环境要求
2. 风力发电机组电气系统
(1) 风电电气系统电能匹配及能效要求

（2）风电电气系统成套及接口规范

3. 风力发电机

（1）稀土永磁同步发电机技术条件

（2）永磁风力发电机制造技术规范

（3）双馈风力发电机制造技术规范

4. 风电变流系统

（1）双馈风力发电机并网变流器制造技术规范

（2）永磁风力发电机并网变流器制造技术规范

（3）风力发电用调速电气传动系统

5. 风电控制系统

（1）风力发电机组　控制器

（2）风力发电机组　变速恒频控制系统

（3）直驱风力发电机组主控制系统制造技术规范

（4）双馈风力发电机组主控制系统制造技术规范

（5）风力发电机组变桨距主控制系统制造技术规范

6. 风电储能设备

（1）储能用铅酸蓄电池

（2）大规模分布式储能控制系统

（3）液流储能电池　术语

（4）全钒液流储能电池技术条件

7. 风电输配电设备

（1）高压/低压预装式变电站（箱式变电站）

（2）风电变压器

（3）风力发电用低压成套开关设备和控制设备

（4）风力发电用低压成套无功补偿装置

（5）大规模风电联网控制与保护装置技术条件

（6）风力发电机用过电压抑制器

（7）风力发电机组雷电防护系统安全检测技术规范

8. 风电用电线电缆

（1）风力发电用橡皮绝缘抗扭曲软电缆

（2）风力发电用抗扭曲橡皮绝缘软电缆抗扭曲试验方法

（3）风力发电机用绕组线

（4）风力发电机组专用母线槽

（5）海上用风力发电特种电缆

附录三　县级国土部门出具的同意项目建设用地意见

××县国土资源局文件

×国土资字〔2009〕××号

××县国土资源局关于×××乡风电场项目建设用地的报告

××市国土资源局：

根据××××新能源开发有限公司建设风电场项目用地申请，该公司拟在我县××范围内征用风机基础、变电站、控制楼等用地。我局原则同意该公司建设场址土地的使用，现将有关资料上报，请市局给予批复。

序号	北　纬	东　经
1	××度 50 分 54.24 秒	×××度 28 分 1.60 秒
2	××度 43 分 7.09 秒	×××度 27 分 41.10 秒
3	××度 42 分 4.86 秒	×××度 27 分 12.11 秒
4	××度 42 分 12.69 秒	×××度 24 分 13.17 秒
5	××度 45 分 11.08 秒	×××度 22 分 39.54 秒
6	××度 47 分 40.97 秒	×××度 18 分 41.35 秒
7	××度 50 分 57.73 秒	×××度 17 分 43.73 秒

××县国土资源局（印）

二〇〇九年九月×日

附录四 县级政府出具的项目列入土地利用规划文件

××县人民政府

×政函字〔2009〕××号

关于×××风电场项目列入××县县乡下一轮土地利用总体规划的承诺函

××××新能源开发有限公司在××县××一带开发风电项目，该项目规划规模 300MW，××风电场一期工程(49.5MW) 已于 2009 年 10 月×日取得××省发展和改革委员会同意开展项目前期工作的函（×发改能源函〔2009〕××号)。该项目与这一轮土地利用总体规划不符，可安排在下一轮我县县乡级土地利用总体规划。

特此承诺。

××县人民政府（印）

二〇〇九年十二月××日

附录五　市级环保部门同意项目开展环境影响评价意见

××市环境保护局

×环函〔2009〕×××号

关于对《××××风电场一期（49.5MW）项目环境影响报告表》的审查意见

××省环境保护厅：

××××新能源开发有限公司报送的《××××风电场一期（49.5MW）项目环境影响报告表》（以下简称《报告表》）经有关人员认真审核、讨论，提出审查意见如下：

一、《报告表》编制格式规范、结构完整、内容较全面、引用标准基本正确，对项目建设背景概况、工程组成内容及场址周围社会、自然状况描述较清晰、工程分析基本清楚、条理分明，据此所确定的生态环境保护、恢复措施基本可行，污染防治设施有一定针对性，评价结论明确，可以作为工程设计和环境管理的依据。

二、根据《报告表》评价结论，该工程具有明显的节能和污染物减排效果，在采取《报告表》提出的各项污染治理措施情况下，各污染源可以稳定达标排放，所排放的污染物能够满足“总量控制”的要求，工程建设从环保角度出发是可行的，我局同意《报告表》报省厅审批。

三、建设单位要严格落实《报告表》提出的各项污染防治措施，特别是加强场址周围的生态保护，将生态破坏和环境风险减小到最低程度。

××市环境保护局（印）

二〇〇九年十二月×日

附录六　县级建设部门出具的项目列入城乡规划意见

××县建设局

×建函字〔2009〕××号

××县建设局
关于×××风电场一期工程建设
有关事宜的复函

××××新能源开发有限公司：

你公司拟在××县××一带建设风电场，为满足工程建设的需要，并减小风电场运行对环境产生的噪声影响，我局原则同意在风电场外侧各风机外围划定500m范围的噪声隔离区，按照国家有关规定，在此区域内不规划建设医院、学校、居民住宅等噪声敏感建筑物。

特此说明。

××县建设局（印）

二〇〇九年十一月××日

附录七　县级文物保护部门出具的同意项目建设文件

××县文化体育局文件

×文体字〔2009〕××号

关于××××新能源开发有限公司申请出具××30万千瓦风电场范围内有无文物的复函

××××新能源开发有限公司：

你公司《关于申请出具××30万千瓦风电场范围内有无文物的函》（××新能源函〔2009〕×号）文件收悉。经我局对××30万千瓦风电场场址所占面积区域内的文物古迹进行认真核查，该场址区域内地上没有明显的文物遗存，而且也不在省保以上文物保护单位的保护范围和建设控制地带内，我局原则上同意在该区域内建设风电场。但在开工前，必须经文物部门进一步勘察后方可施工。

此函。

××县文化体育局（印）

二〇〇九年九月××日

附录八　县级国土部门出具的项目无压矿文件

××县国土资源局文件

×国土资字〔2009〕××号

关于××××新能源开发有限公司
在××县××乡拟建风力发电场
有关情况的说明

××××新能源开发有限公司：

根据你公司的申请，你公司拟在××县××乡一带建设30万千瓦的风力发电场项目，经我单位核实，在该范围内用地不压覆矿产资源，可以建设。

××县国土资源局（印）
二〇〇九年九月××日

附录九 县人民武装部门出具的项目不涉及军事设施文件

中国人民解放军 ××省××县人民武装部

关于××××新能源开发有限公司
××30万千瓦风电场范围内
有无军事设施的复函

××××新能源开发有限公司：

你公司《关于申请出具××30万千瓦风电场范围内有无军事设施的函》（××新能源函〔2009〕×号）收悉。经我部审查核实，拟建项目用地范围内无涉及我部管辖的国防工程。

项目选址坐标：

序号	北纬	东经
1	××度50分54.24秒	×××度28分1.60秒
2	××度43分7.09秒	×××度27分41.10秒
3	××度42分4.86秒	×××度27分12.11秒
4	××度42分12.69秒	×××度24分13.17秒
5	××度45分11.08秒	×××度22分39.54秒
6	××度47分40.97秒	×××度18分41.35秒
7	××度50分57.73秒	×××度17分43.73秒

××县人民武装部（印）

二○○九年十月××日

附录十 省级能源主管部门出具的同意项目开展前期工作批复文件

××省发展和改革委员会

×发改能源函〔2009〕×××号

关于同意××××新能源开发有限公司在××县××开展风电项目前期工作的函

××市发展改革委：

你委《关于××××新能源开发有限公司××县××风电项目一期工程开展前期工作的请示》（×发改工交发〔2009〕××号）收悉。

根据××省能源发展规划，经研究，同意××××新能源开发有限公司在××县××开展风力发电项目前期工作。

××省发展和改革委员会（印）

二〇〇九年十月××日

附录十一 省级能源主管部门申请开展项目前期工作文件

××省发展和改革委员会

×发改新能源函〔2010〕×××号

关于××市××区××风电有限公司20万千瓦风力发电项目开展前期工作的请示

国家能源局：

根据我省风力发电总体规划，××市××区××风电有限公司拟在××市××区××乡建设20万千瓦风力发电项目，投资估算×亿元。

该项目符合国家产业政策，为尽快推动项目进展，现申请国家能源局同意××市××区××风电有限公司开展项目前期工作。

××省发展和改革委员会（印）

二〇一〇年九月××日

附录十二　国家能源主管部门出具的同意项目开展前期工作批复文件

国家能源局文件

国能新能〔2010〕×××号

国家能源局关于同意××市××区××风电有限公司20万千瓦风力发电项目开展前期工作的复函

××省发展改革委：

报来《关于××市××区××风电有限公司20万千瓦风力发电项目开展前期工作的请示》（×发改新能源函〔2010〕××号）收悉。经研究，现函复如下：

一、××市××区风能资源较丰富，具备相对集中开发风电的条件。项目建设有利于增加清洁能源供应、促进能源结构调整。同意××市××区××风电有限公司开展20万千瓦风电项目前期工作。

二、项目开发区域位于××市××区××乡。

三、项目单位应认真做好风能资源评价、机组选型和微观选址，满足与电网协调运行的技术条件，配套建立风电功率预测系统。

四、请国家电网公司按照风电项目情况，抓紧开展配套电网设计和建设工作，落实风电市场消纳和电网调度运行方案。

五、请你委督促项目单位抓紧开展前期工作，落实有关建设条件，协调项目开发与配套电网建设的衔接。在完成项目可行性研究并落实电网接入等建设条件后，上报国家能源主管部门申请核准。

国家能源局（印）

二〇一〇年十一月××日

附录十三　省级国土部门出具的建设项目用地预审批复

××省国土资源厅

×国土资规审〔2010〕××号

关于×××风电场（49.5MW）项目用地预审意见的复函

××市国土资源局、××××风电开发有限公司：

××市国土资源局《关于××××风电场新建工程项目用地初审意见的报告》（×国土资规审字〔2010〕××号）和××××风电开发有限公司《××××风电场新建工程项目用地预审申请报告》（××风电〔2010〕××号）均悉，经审查，现函复如下：

一、省发展改革委已同意该项目开展前期工作。项目建设有利于改善地区能源结构和生态环境，带动地区经济发展。原则同意通过用地预审。

二、该项目拟用地总面积××公顷，其中农用地××公顷（耕地××公顷），未利用地××公顷。在初步设计阶段，应进一步优化设计方案，从严控制建设用地规模，节约和集约用地。

三、有关市、县人民政府要根据国家法律法规和有关文件的规定，认真做好征地补偿安置的前期工作，确保补偿安置资金足额到位，切实维护被征地农民的合法权益。

四、项目按规定核准后，要按照《中华人民共和国土地管理法》和国务院的有关规定，做好县乡（镇）土地利用总体规划的衔接落实工作，并办理建设用地报批手续。未取得建设用地报批手续的不得开工建设。

五、依据《建议项目用地预审管理办法》的规定，建设项目用地预审文件有效期为两年，本文件有效期至 2012 年 11 月×日。

××省国土资源厅（印）

二〇一〇年十一月×日

附录十四　省级环保部门出具的项目工程环境影响报告表批复

审批意见： ×环审（表）〔2009〕××号

××××风电场×期工程（49.5MW）地处×××自治区×××旗××乡，建设单位为××××风电开发有限公司。本期工程装机容量为49.5MW，安装单机容量为1500kW的风力发电机组33台。项目永久占地面积约××m^2，工程投资××万元。项目建设符合国家产业政策，在落实《报告表》提出的环保措施后，从环境保护角度分析，同意该项目建设。

项目建设应注意做好以下工作：

1. 项目建设要严格控制在批复的用地范围内，减少工程占地，加强施工期环境保护监督管理，使得工程建设对生态环境的影响降到最低，施工结束后要及时进行植被恢复工作。

2. 做好土石方的挖填平衡，对工程产生的弃土弃渣，要妥善处置，同时进行绿化措施，防止水土流失。施工剩余无法回填的弃渣要送至当地环保部门同意的地点，生活垃圾要集中收集和处置。施工开挖过程中，要将表层土壤单独存放，以便于恢复植被。

3. 要明确和限定施工范围，施工车辆必须沿规定的运输路线行驶，禁止施工车辆随意开道、碾压草场，以减少施工对周围植被的影响，否则将按照相关法律进行处罚。

4. 风机组装场地要控制有效使用面积，风电场建设单位要与附近牧民协调，加强草牧场的围封工作，减少对草场的人为干扰。采取抑尘降噪措施，严禁发生扰民事件。

5. 施工期工程应开展环境监理，作为项目环保验收依据之一。落实环保资金投入，确保工程各项环保措施到位。施工结束后，要将风电场占地及敷设线路及时恢复植被，以减少风沙化面积。项目建设必须严格执行环境保护“三同时”制度，项目竣工后，建设单位必须按规定程序申请环境保护验收，验收合格后，项目方可正式投入使用。

请××市环境保护局和××××旗环境保护局负责该项目施工期间的环境保护监督检查工作。

××自治区环境保护厅（印）
2009年12月×日

经办人：×××

附录十五　省级住建部门出具的建设项目选址意见书

中华人民共和国

建设项目选址意见书

选字第 2009-×××号

根据《中华人民共和国城乡规划法》第三十六条和国家有关规定，经审核，本建设项目符合城乡规划要求，颁发此书。

核发机关　××省住房和城乡建设厅（印）

日　　期　2009 年 12 月××日

140000200900×××

<table>
<tr><td rowspan="6">基本情况</td><td>建设项目名称</td><td>××××风电场×期工程</td></tr>
<tr><td>建设单位名称</td><td>××××新能源开发有限公司</td></tr>
<tr><td>建设项目依据</td><td></td></tr>
<tr><td>建设项目拟选位置</td><td>选址意见见附件</td></tr>
<tr><td>拟用地面积</td><td></td></tr>
<tr><td>拟建设规模</td><td>49.5MW</td></tr>
<tr><td colspan="3">附图及附件名称

城乡规划主管部门选址意见</td></tr>
</table>

遵守事项

一、建设项目基本情况一栏依据建设单位提供的有关材料填写。

二、本书是城乡规划主管部门依法审核建设项目选址的法定依据。

三、未经核发机关同意，本书的各项内容不得随意变更。

四、本书所需附图与附件由核发机关依法确定，与本书具有同等法律效力。

A No. 0005×××

附件

城乡规划主管部门选址意见

××××新能源开发有限公司拟在××市××县西南部东起××乡××村，向西南至××村西南××县与××区交界处，转向西北沿县界经××村至××村南，转向东北经××村至××村一线围合的区域建设××风电场×期工程，本期工程拟建设33台风电机组（1500kW/台），工程装机容量为49.5MW。经××市、××县城乡规划主管部门初审和《××××风电场×期工程选址研究报告》研究论证，该项目拟选场区地质结构稳定，场区风能资源、交通、供水、供电等外部条件均满足项目建设要求，风电机组与周边的×××、×××、×××和××等村庄距离均在500m以上，项目建设对周围居民点影响较小，符合《××县县城总体规划》、同意××风电场×期工程场区拟选方案。

规划要求：

1. 风电机组与周围居民点的距离应满足有关要求。

2. 风电场建设、运行期间，应采取必要的水土保持措施，防止对生态环境造成破坏。

3. 风电场输电线路应当符合《××县县城总体规划》和沿线居民点的规划，避免对城乡发展和居民的生产、生活造成不利影响。

××县建设局要加强对该项目的规划管理，合理确定风电机组和输电线路的具体位置，并监督建设单位按照规划要求进行建设。

核发机关　××省住房和城乡建设厅（印）

2009年12月××日

此附件与《建设项目选址意见书》具有同等法律效力。

附录十六　省级水利部门出具的建设项目水土保持方案批复

××省水土保持局

×水保函〔2010〕××号

关于××××风电场（49.5MW）新建工程水土保持方案的复函

××××风电有限责任公司：

你公司报送的《关于申请审查批复××××风电场（49.5MW）新建工程水土保持方案报告书的函》（××风电×〔2010〕×号）收悉。我局委托省水土保持学会对《××××风电场（49.5MW）新建工程水土保持方案报告书》进行了技术审查，根据审查意见的要求，该方案经修改、完善后，依据充分，内容全面，符合水土保持法律、法规和技术规范、标准的要求。经研究，现函复如下：

一、项目建设内容和组成

××××风电场（49.5MW）新建工程位于××省北部的××市××县××镇，属新建建设类项目。该工程由风电机组、场内道路、升压站等组成。装机容量为49.5兆瓦，拟安装1500千瓦风力发电机组33台，并配备建设33台35千瓦的箱式变电站，同时拟建66千伏升压站一座。工程总投资××万元，其中土建投资××万元；工程总占地面积××公顷，其中永久占地××公顷，临时占地××公顷；工程挖填方总量为××万立方米，挖方量为××万立方米，填方量为××万立方米，外购砂石××万立方米（水土流失防治责任由供应方负责），弃方××万立方米（表土，用于植被恢复），无永久弃渣。工程计划于2011年5月开工，2012年4月建成。

二、项目区概况

同意项目区概况及水土流失现状分析。项目区属漫川漫岗区，气候类型属暖温带大陆性季风气候，年平均气温为7摄氏度，多年平均风速为3.4米/秒，多年平均降雨量577.7毫米，最大冻土深度为1.40米。项目区土壤类型主要有棕褐土和草甸土，植被属于长白植物区系，林草覆盖率为4.96%。水土流失类型以轻度水力侵蚀为主，兼有轻度风力侵蚀。容许水土流失量为200吨/(千米^2·年)，属国家及省级水土流失重点治理区。

三、项目建设总体要求

（一）基本同意主体工程水土保持评价。

（二）基本同意水土流失防治责任范围为××公顷，其中项目建设区××公顷，直接影响区××公顷。

（三）同意项目水土流失防治执行新建建设类项目一级标准。

（四）基本同意水土流失防治分区和分区防治措施。

（五）基本同意水土流失预测方法和预测内容。预测工程建设期新增水土流失量为××吨，损坏水土保持设施面积××公顷。

（六）基本同意水土保持监测时段、内容和方法。进一步搞好监测设计，落实监测重点，细化监测内容。

（七）基本同意水土保持投资估算原则、依据和方法。本工程水土保持估算总投资为××万元，其中主体工程已列投资××万元，新增投资××万元。新增投资包括水土流失防治费××万元，水土流失补偿费××万元，水土保持监测费××万元，水土保持监理费××万元，其他××万元。水土流失补偿费由我局征收。

（八）同意水土保持方案实施进度安排，要严格按照批复的水土保持方案所确定的进度组织实施水土保持工程。各类施工活动要严格控制在用地范围内，严禁随意占压、扰动和破坏地表，加强施工管理和临时防护，严格控制施工期间可能造成的水土流失。××市水土保持站、××县水土保持站监督该方案的实施。

四、建设单位在工程建设中要重点做好以下工作：

（一）按照批复的方案抓紧落实资金、管理等保证措施，做好本方案下阶段的工程设计、招投标和施工组织工作，加强对施工单位的监督与管理，切实落实水土保持“三同时”制度。

（二）定期向我局、××市水土保持站、××县水土保持站报告水土保持方案的实施情况，并接受各级水土保持部门的监督检查。

（三）委托有相应水土保持监测资质的单位承担水土保持监测任务，并按规定向我局提交监测报告。

（四）落实并做好水土保持设施监理工作，确保水土保持工程建设质量。

五、建设单位要按照《开发建设项目水土保持设施验收管理办法》的规定，在工程投入运行之前及时向我局申请水土保持设施验收。

附件：××××风电场（49.5MW）新建工程水土保持方案报告书（略）

××省水土保持局（印）

二○一○年十一月×日

附录十七 省级电网企业出具的项目接入系统意向批复

××省电力有限公司文件

×电发策〔2010〕××号

关于××××风电场接入系统工程可行性研究报告审查意见的函

××××风电有限责任公司：

根据国家能源政策和省发改委风电规划，以及国家电网公司《关于××××等风电场项目接入系统设计评审计划的批复》（发展规二〔2010〕××号），我公司于2010年11月××日在××市主持召开了《××××风电场（49.5兆瓦）接入系统工程可行性研究报告》审查会。××省电力有限公司、××市供电公司、××××风电开发有限公司、××电力科学研究院有限公司、××电力设计研究有限公司等单位参加了会议（名单附后）。与会代表听取了设计单位对《××××风电场（49.5兆瓦）接入系统工程可行性研究报告》和《风电场并网专题研究报告》的介绍，并进行了认真的讨论，形成审查意见如下：

一、一次部分

××××风电开发有限公司拟投资建设的××××风电场（以下简称"××风电场"）位于××省北部的××县××镇和××镇之间，规划区域为：东经×××°3′～×××°7′，北纬××°50′～××°53′，海拔136～183米之间。本期装机容量为49.5兆瓦，安装33台WTG2-1500型风力发电机组，计划于

2011 年建成投运。

（一）接入系统方案

同意设计院推荐的××风电场接入系统方案，根据××地区风电规划，××××风电开发有限公司计划在××地区开发××等风电场，风电总装机容量为 200 兆瓦，考虑远近结合，本期工程新建一个 220 千伏风电场升压站，××风电场以 35 千伏电压等级接入升压站，从 220 千伏风电场升压站新建 1 回 220 千伏线路接入 220 千伏××开关站，线路长度××千米，采用 LGJ-300 型号导线。

（二）××风电场升压站

1. 主要规模

××风电场升压站本期安装 1 台 120 兆伏安有载调压主变压器，远期预留 1 台主变压器位置。220 千伏侧本期及远期出线 1 回，本期采用线路变压器组接线方式，远期采用单母线接线方式；35 千伏侧本期采用单母线接线方式，远期为单母线分段接线。

2. 无功补偿容量

根据《风电场接入系统专题报告》（××电力系统谐波检测站），考虑风机可发部分无功后，本期工程在升压站 120 兆伏安主变压器 35 千伏侧安装 1 组 5 兆乏电容器和 1 组 5 兆乏动态无功补偿装置，并预留 1 组电容器位置。

（三）220 千伏××开关站

本期工程 220 千伏××开关站扩建 1 个 220 千伏出线间隔，增加相应设备。

（四）××风电场应具有有功功率调节能力、低电压穿越能力，具备协调控制机组和无功补偿装置的能力，能够自动快速调整无功总功率。风力发电场接网应满足《风电场接入电网技术规定》（Q/GDW 392—2009）、《关于印发〈国家电网公司风电场接入系统设计内容深度规定（修订版）〉的通知》（国家电网发展〔2009〕327号）规定的要求。

二、二次部分

（一）继电保护

原则同意设计单位提出的继电保护装置配置方案。本期工程××风电场至220千伏××开关站的220千伏线路配置2套微机距离保护装置，风电场升压站侧不配置线路保护。

风电场升压站侧需配置1套电能质量在线监测装置、1套功角测量装置、1套有功功率控制装置以及风力发电预测系统等装置。

（二）通信

原则同意设计单位推荐的通信设计方案。

通道一：利用本期新建的220千伏送电线路架设2根12芯OPGW光缆到220千伏××开关站，光缆长度2×20.6千米；再由××开关站利用已有的通信线路至××地调和省调。

通道二：风电场升压站利用市话拨号方式至××地调。

本期工程××风电场升压站配置2套622兆光传输设备及配套电源设备，在××开关站现有设备上增加2套622兆光接口板与××风电场设备对接。风电场升压站和××地调各配置1套PCM接入设备。

（三）远动计量

××风电场投运后由××省调进行调度指挥，220千伏风电场升压站及风电场运动信息直送××省调和××地调。

原则同意设计报告中提出的调度自动化及计量装置配置方案。本期工程关口计量点设置在××开关站220千伏风电线路入口处，××风电场升压站主变压器高压侧和35千伏线路入口处设置辅助计量点。××风电场升压站需配置路由器、接入交换机和IP加密认证装置等设备。

三、投资估算

（一）设计单位所采用的投资估算编制依据可行。

（二）××风电场接入系统工程动态总投资为××万元，静态总投资××万元，其中系统侧投资为××万元，风电场侧投资××万元。

其中：变电部分 ××万元
送电部分 ××万元
继电保护 ××万元（风电场侧××万元）
系统通信 ××万元（风电场侧××万元）
远动计量 ××万元（风电场侧××万元、交易平台改造费××万元，地调接口费××万元，省调接口费××万元）

风力发电属国家鼓励的洁净能源项目，该项目有利于改善环境，提高能源的利用水平，促进地区经济发展，符合国家的能源政策。

附件：××××风电场接入系统可行性研究报告审查会人员名单（略）

××省电力有限公司（印）
二〇一〇年十二月××日

附录十八　省级国土部门出具的项目地质灾害危险性评估报告备案登记表

地质灾害危险性评估报告/说明书备案登记表

×地灾危备〔2010〕××××号

<table>
<tr><td colspan="2">建设项目或
规划区名称</td><td colspan="4">××××风电场（48MW）工程</td></tr>
<tr><td colspan="2">评估级别</td><td colspan="4">一级</td></tr>
<tr><td colspan="2">用地地点及面积范围
（按行政区划详细
填写到乡镇村庄）</td><td colspan="4">××省××镇××村一带，项目北部为××、××，东北部为××镇，东部为××、××，南部为××、××、××，西部为××、××，中部为××村，用地面积9.1978公顷。</td></tr>
<tr><td colspan="2">地理坐标</td><td>东经</td><td>×××°39′45″</td><td>北　纬</td><td>××°42′38″</td></tr>
<tr><td rowspan="3">建设单位
规划单位</td><td>名　称</td><td colspan="2">××××风电开发有限公司</td><td>法人代表</td><td>×××</td></tr>
<tr><td>地　址</td><td colspan="2">××市××大街××号××大厦××号</td><td>联系人</td><td>×××</td></tr>
<tr><td>用地性质</td><td colspan="2">工业用地</td><td>电　话</td><td>152××××××××</td></tr>
<tr><td rowspan="3">评估单位</td><td>名　称</td><td colspan="2">××省矿产勘查院</td><td>法人代表</td><td>×××</td></tr>
<tr><td>地　址</td><td colspan="2">××市××区××路××号××大厦</td><td>联系人</td><td>×××</td></tr>
<tr><td>资质及证
书编号</td><td colspan="2">地质灾害危险性评估甲级
2005××××××</td><td>电话</td><td>8×××××××</td></tr>
<tr><td rowspan="4">评估报告</td><td>报告名称</td><td colspan="4">××××风电场（48MW）工程地质灾害危险性评估报告</td></tr>
<tr><td>报告主编</td><td colspan="2">×××</td><td>电　话</td><td>8×××××××</td></tr>
<tr><td rowspan="2">专家组</td><td>审查时间</td><td colspan="3">2010年11月××日</td></tr>
<tr><td>专家组长
及组员</td><td colspan="3">组长：×××
组员：×××　×××　×××　×××</td></tr>
</table>

续表

评估单位对评估结论负责的承　诺	评估单位对所提供资料、报告成果的真实性、可信性及报告资料结果质量负责。 责任（承诺）人：×××　　　　××省矿产勘查院（印） 2010年12月××日
建设或规划单位按评估结论做好地质灾害防治工作的承　诺	建设单位严格按评估结论做好地质灾害防治工作。 责任（承诺）人：×××　　　　××××风电开发有限公司（印） 2010年12月××日
对建设项目或规划区地质灾害危险性评估工作是否符合有关规定的意见	评估单位具有相应评估资质，专家组成及审查程序符合有关规定，予以备案。 备案人：×××　部门负责：××× ××省国土资源厅（印） 2010年12月××日

附录十九　省级地震安全主管部门出具的建设项目地震安全性评价报告批复

××省地震安全评定委员会文件

×震安〔2009〕××号

关于×××风电场项目工程场地地震安全性评价报告的评审意见

××××发电股份有限公司：

××省地震安全评定委员会于2009年7月×日对你单位报送的《××××风电场项目工程场地地震安全性评价报告》进行了评审。

经评审，该报告符合国家标准《工程场地地震安全性评价》（GB 17741—2005）的规定，同意报告的结论意见。

××省地震安全评定委员会（印）

二〇〇九年七月×日

附录二十 省级国土部门出具的项目选址范围内有无压覆矿产资源证明

×××自治区国土资源厅

×国土资函〔2009〕××号

关于××××风电场×期 49.5MW 工程建设项目拟选址用地范围内未压覆已查明重要矿产资源的函

××××风电开发有限公司：

你公司拟在××××境内选址建设“××××风电场×期 49.5MW 工程”项目，其范围面积约 22.76 平方千米，经核实，在下表拐点坐标范围内选址不压覆已查明重要矿产资源。

拐点号	X	Y	拐点号	X	Y
1	××72626.30	×××66050.60	7	××70973.10	×××71958.80
2	××72641.80	×××66725.70	8	××66775.50	×××71988.00
3	××74000.00	×××66903.30	9	××66836.90	×××68000.70
4	××73936.70	×××68000.00	10	××70509.90	×××67985.90
5	××72000.00	×××68000.00	11	××70558.20	×××66051.20
6	××70965.60	×××69000.40			

××自治区国土资源厅（印）

二〇〇九年十二月××日

附录二十一 省级安全生产监督管理部门出具的项目安全预评价报告备案函

×××自治区安全生产监督管理局

×安监执法函〔2010〕××号

关于××××风电开发有限公司××××风电场×期工程安全预评价报告备案的函

××××风电开发有限公司：

你单位报来备案的《××××风电开发有限公司××××风电场×期工程安全预评价报告》收悉。特此函告。

××自治区安全生产监督管理局（印）

二〇一〇年三月××日

附录二十二　省级发展改革部门出具的节能评估批复意见

××省发展和改革委员会

×发改能审〔2011〕××号

关于××××三期××（199.5MW）风电场工程项目节能评估报告书的批复

××市××区××风电有限公司：

你单位报送的《××××三期××（199.5MW）风电场工程项目节能评估报告书》（以下简称《报告书》）收悉。依据《固定资产投资项目节能评估和审查暂行办法》（国家发展和改革委员会2010年第6号令）（以下简称第6号令）规定和专家组对《报告书》的审查意见，现对《报告书》批复如下：

一、《报告书》的评价依据、原则和深度基本符合第×号令规定，提出的节能优化方案和节能措施合理可行。

二、项目建设方案。项目位于××省××市××区××乡，三期风电场东西长约18千米，南北宽约13千米，面积约180平方千米。项目拟建设WTG1-1500型机组133台，单机容量1500万千瓦，轮毂高度为70米的风力发电机组。项目总装机容量为199.5兆瓦，年上网电量为××万千瓦时。项目主要建设内容包括风电机组、箱变基础构筑和安装、主变压器和配电装置安装、场内输电线架设和施工检修道路建设等。

三、项目能耗种类及数量。项目主要耗能品种为电力，主要耗能工质为新鲜水，其中年消耗电力××万千瓦时，折标准煤××吨；年消耗新鲜水××万吨，折标准煤××吨。项目年加工转换电力××万千瓦时，折标准煤××吨；年输出电力××万千瓦时，折标准煤××吨。项目综合能耗为××吨标准煤。

四、要严格按照《评价企业合理用电技术导则》(GB/T 3485—1998)、《用能单位能源计量器具配备和管理通则》(GB 17167—2006)等规范，在项目设计、施工阶段，进一步优化工艺，选用高效用能设施，并切实加强能源统计、计量、监测等用能管理，提高能源利用率，降低能源资源消耗。

五、项目用能工艺及能源品种的选择等建设内容发生重大变更，项目建设单位应重新进行节能评估和审查。

六、我委将委托项目所在市、县发展改革部门按照第6号令规定，在项目设计、施工及投入使用过程中，对节能评估文件及其节能审查意见的落实情况进行监督检查。

七、项目建成后，你单位要及时提出节能专项验收申请，不进行节能专项验收或验收未通过的，按第6号令有关规定执行。

××省固定资产投资项目节能评估和审查审批（印）

二〇一一年五月×日

附录二十三 省级以上银行机构出具的原则同意提供项目建设贷款的承诺书

×××银行贷款承诺书

意承编号（2010 年）第××号

××××风电有限责任公司：

你单位关于建设××××风电场项目，我行将依据《商业银行法》、《贷款通则》及《××××银行固定资产贷款评估办法》等有关规定，对项目进行评细的调查评估，在落实以下条件的情况下，我行提供××××风电场项目固定资产贷款××××万元（人民币）。

（1）项目总投资××××万元，企业自筹××××万元；

（2）该项目的可行性研究报告须经国家有权部门批准；

（3）该项目经过我行贷款审批程序后，符合我行发放贷款的各项条件。

此承诺仅用于国家有权部门对该项目可行性研究报告的批复。

××××银行股份有限公司××省分行（印）

二〇一〇年五月××日

附录二十四 省级投资主管部门出具的项目核准批复

××省发展和改革委员会文件

×发改能源〔2010〕××号

关于××××风力发电项目核准的批复

××××风电有限责任公司：

报来的《关于××××风电场（49.5MW）新建工程项目核准的请示》（×风电×〔2010〕××号）收悉。该项目经××市发展改革委初核，并以《关于××××风力发电场（49.5MW）新建工程项目核准的请示》（×发改能交〔2010〕××号）报送我委。经研究，现就该项目核准事项批复如下：

一、为充分利用××地区丰富的风能资源，加快风电设备制造本地化进程，提高可再生能源消费比重，实现经济社会可持续发展，同意建设××××风力发电场。

项目单位为××××风电有限责任公司。

二、该项目是我省规划开发的重点风电项目之一，风能资源比较丰富，经 70 米塔实地测风资料显示，年平均风速为 6.56 米/秒。项目建设地点在××市××县××镇，场址中心点坐标为东经×××°05′、北纬××°51′。

三、项目建设规模为 4.95 万千瓦，安装 33 台单机容量 1500 千瓦的风力发电机组，设计年上网电量××万千瓦时、年发电利用小时数为××小时。

四、项目总投资为××万元。其中，项目资本金为××万元，占总投资的20%，由××××风电有限责任公司以自有资金出资，其余××万元由××××银行股份有限公司××省分行贷款解决。

五、项目建设期为2010～2012年。

六、项目单位要优化工程设计，选用节能设备，加强节能管理。

七、项目建设要严格执行《招标投标法》的有关规定，按照核准的招标方案做好招标工作。

八、项目核准的相关文件分别是《关于××××风电场（49.5MW）项目用地预审意见的复函》（×国土资规审〔2010〕××号）、《关于××××风电场新建工程项目环境影响报告表的批复》（×环审表〔2010〕××号）、《建设项目选址意见书》（××规划局选字第211224201000×××号）、《关于××风电场项目预审的复函》（×林函字〔2010〕242号）、《关于××××风电场（49.5MW）新建工程水土保持方案的复函》（×水保函〔2010〕××号）、《关于××××风电场上网电价的承诺函》（×价函〔2009〕××号）、《关于××××风电场接入系统工程可行性研究报告审查意见的函》（×电发策〔2010〕××××号）等。

九、如对本项目核准文件所规定的有关内容进行调整，需以书面形式报我委另行核准。

十、本核准文件有效期限为2年，自发布之日起计算。在核准文件有效期内未开工建设项目的，应在核准文件有效期届满30日前向我委申请延期。项目在核准文件有效期内未开工建设也未申请延期的，或虽提出延期申请但未获批准的，本核准文件自动失效。

请项目单位依据国家发展风力发电等可再生能源政策和上述批复要求，尽早开工建设，高度重视工程安全和环境保护，按计划高质量地完成项目建设任务。工程重要进展情况需及时报告我委。

××省发展和改革委员会（印）

二〇一〇年十二月××日

附录二十五　国家投资主管部门出具的项目核准批复

国家发展和改革委员会文件

发改能源〔2008〕××号

国家发展改革委关于××××100兆瓦海上风电示范项目的核准批复

××市发展改革委：

你委《关于上报××××100兆瓦海上风电场示范工程项目申请报告的请示》（×发改能源〔2008〕××号）收悉。经研究，现就核准事项批复如下：

一、为开发利用××市丰富的海上风能资源，探索和积累海上风电建设和管理经验，提高我国风电设备制造水平，促进我国风电的规模化发展，更好地满足能源需求，保护环境，实现可持续发展，同意建设××××海上风电示范项目。

二、项目装机容量10.2万千瓦，安装34台××风电科技有限公司生产的3兆瓦海上风力发电机组，设计年发电利用小时数××小时，年上网电量××亿千瓦时。

三、按2006年价格水平，项目动态总投资××亿元，其中，项目资本金××亿元，占项目总投资的20%，由×××集团公司、×××有限公司、×××能源开发有限公司、××××新能源××控股有限公司按28%、24%、24%、24%的比例出资，其余××亿元由××××银行贷款解决。

四、该项目上网电价执行两段制电价政策，在风电场累计等效满负荷发电60 000小时之前，按0.974 5元/千瓦时（含税）执行；累计等效满负荷发电 60 000 小时之后，按当地届时平均上网电价执行。请项目建设单位按照国家有关规定，申请清洁发展机制（CDM）的支持，通过出售和转让温室气体减排量的方式，提高项目的抗风险能力。配套电网送出工程由电网企业负责建设。

五、为发挥好项目建设的示范作用，项目建设单位要与有关技术部门和单位紧密配合，开展海上风电建设技术的研究工作，逐步建立海上风电的技术标准体系，形成拥有自主知识产权的海上风能资源评价、风电场设计和机组制造技术，为我国海上风电的规模化发展创造条件。

请按上述要求，抓紧开展项目建设的各项准备工作，落实项目建设条件，完善施工技术，高度重视环境保护，保证工程质量和施工安全，确保项目尽早发挥效益。

国家发展和改革委员会（印）

二〇〇八年五月×日

作 者 简 介

许铁 男，汉族。工学硕士，工程师。现就职于大唐国际发电股份有限公司，主要从事风能、太阳能等新能源发电项目发展规划和前期管理工作。曾在国家级刊物上发表论文两篇，并被多种大型文集收录，且多次获奖。